水科学博士文库

水利部公益项目"变化环境下大沽河水资源安全保障技术研究"（201301089）资助

Construction and Practice of Hydrological Elements Monitoring System in Dagu River Basin

大沽河流域水文要素
监测体系建设与实践

高宗军　宋翠玉　蔡玉林
王　敏　冯建国　张春荣　　著

中国水利水电出版社
www.waterpub.com.cn
·北京·

内 容 提 要

　　本书介绍了大沽河流域基于遥感的多水文要素构成的监测体系的建设与实践,主要包括流域概况、流域蒸散发遥感反演、流域降水遥感估算与分析、流域土壤水分遥感反演与分析、流域径流量估计、流域土地利用动态监测、河道变迁分析与研究、流域大气-水文相互作用过程遥感监测体系等内容。全书理论与实践相结合,对中小流域水文监测具有指导和示范意义。

　　本书可供从事水文监测和遥感技术应用等工作的专业技术人员阅读,也可供相关专业院校师生参考。

图书在版编目（ＣＩＰ）数据

大沽河流域水文要素监测体系建设与实践 / 高宗军
等著. -- 北京 : 中国水利水电出版社, 2017.8
　（水科学博士文库）
　ISBN 978-7-5170-5658-4

Ⅰ. ①大… Ⅱ. ①高… Ⅲ. ①河流－水文观测－研究
－青岛 Ⅳ. ①P332

中国版本图书馆CIP数据核字(2017)第181136号

书　　名	水科学博士文库 **大沽河流域水文要素监测体系建设与实践** DAGU HE LIUYU SHUIWEN YAOSU JIANCE TIXI JIANSHE YU SHIJIAN
作　　者	高宗军　宋翠玉　蔡玉林　王敏　冯建国　张春荣　著
出版发行	中国水利水电出版社 （北京市海淀区玉渊潭南路 1 号 D 座　100038） 网址：www.waterpub.com.cn E-mail：sales@waterpub.com.cn 电话：(010) 68367658（营销中心）
经　　售	北京科水图书销售中心（零售） 电话：(010) 88383994、63202643、68545874 全国各地新华书店和相关出版物销售网点
排　　版	中国水利水电出版社微机排版中心
印　　刷	北京嘉恒彩色印刷有限责任公司
规　　格	170mm×240mm　16 开本　8.75 印张　167 千字
版　　次	2017 年 8 月第 1 版　2017 年 8 月第 1 次印刷
印　　数	0001—1000 册
定　　价	**45.00 元**

前言

QIANYAN

　　水是生命之源。水文学作为一门古老、传统而又日新月异的学科，伴随着社会发展昂首进入了 21 世纪。由于人口的急剧增加、社会发展的不平衡和生产力水平的迅猛提高，特别是在我国工业化水平、农业现代化水平及城市化水平均得到了长足进步的情况下，我国水资源短缺的现实更加严峻，某些干旱地区水资源供给形势甚至与非洲干旱地区的形势一样严峻。人们开始重视生态和环境的协调与可持续发展，一些新的技术和手段不断地涌现出来，促进了水文学的发展步伐，使得水文学的发展呈现出勃勃生机的态势。

　　遥感技术在水文监测方面的应用，近年来已经得到了飞速的发展。无论在理论上还是在技术上，尤其是在小比例尺大范围的水文监测方面，都具有了成功的案例，甚至已经发展成为一门边缘学科或综合学科——遥感水文学。

　　本书作者有幸参与了水利部公益项目"变化环境下大沽河水资源安全保障技术研究"（项目编号：201301089），主要完成了"水资源情势变化定量监测技术"的研究任务。根据任务书的要求，利用高分辨率遥感卫星数据对大沽河流域水循环和关键水文要素（降水、径流、土壤水、蒸散发）、湿地变迁、土地利用动态进行监测，分析大沽河流域水资源时空演变特征及大气水、地表水、地下水、土壤水相互转化的过程，建立具有时空属性的数据模型，实现大沽河流域水资源动态变化的数字化监测、预测和模拟。本书研究的主要内容如下：

　　（1）区域大气-水文相互作用过程监测与模拟。

　　（2）关键水文要素、土地利用监测与评估。

　　（3）流域土地利用动态监测。

　　（4）河道治理过程中河道特性变化监测与评估。

在两年多的学习、调查、研究中，作者较为系统地了解并领会了遥感技术在水文监测方面的原理、方法，并利用这些知识对大沽河流域（青岛市区域）开展了尝试性研究工作，特别是结合该流域已有的长期的观测资料与遥感数据获得的结果进行了对比，发现或得到了一些有意义的结论或启示，经过归纳总结，整理成本书。因而本书既是工作实践的心得体会，也是经验和结论的总结，冀望通过本书，与广大读者交流卫星遥感技术在流域水文监测中应用的研究进展。

特别需要指出的是，研究项目是在青岛市水利局水资源研究室的程桂福研究员、山东省水利科学研究院张保祥研究员、青岛市水文局姜世强总工程师领导下实施的，青岛市水文局崔俊岭高级工程师、黄修东博士以及山东师范大学崔素芳博士自始至终给予了积极的配合、无私的帮助和热情的指导；项目实施过程中，得到了中国水利水电科学研究院、水利部防洪抗旱减灾工程技术研究中心辛景峰教授、杨永民博士的热情帮助，并有幸聆听了他们的高水平讲座和指导；青岛市气象局提供了大量长观资料；山东科技大学研究生徐衍兰、刘晓笛、田禹、李佳佳、董红志、于慧娜、王世臣、姚东绪等同学都参与了工作，付出了辛劳。在此一并表示感谢！

由于作者水平有限，加之受工作条件及获得数据的限制，书中内容难免存在不足之处，敬请读者批评指正。

作者
2017 年 3 月于青岛

目录
MULU

第1章 概 述

1.1 研究背景及意义

水资源是不可替代的战略性资源，是经济和社会可持续发展的重要物质基础。水资源安全是在不超出水资源承载能力和水环境承载能力的条件下，水资源的供给能够在质和量上满足人类的生活、生产和生态用水需求。

近 100 年来，气候与环境已经发生了明显变化，气候变暖成为了主导趋势。相关资料表明，在过去的 100 年间（1906—2005 年），地球表面的平均温度增加了 0.74℃。受全球气候变暖的影响，全球降水也发生了显著变化，全球水文循环加剧，极端水文事件频发。伴随着剧烈的人类活动，土地利用类型的转变导致覆被发生变化，大规模水利工程等建设改变了河川径流过程，区域地表水和地下水的交互作用也越来越频繁。流域是人类活动最密切的自然水循环基本单元，如何实现流域水资源合理开发和高效利用，使水环境得到更好的治理保护及水资源得到合理配置成为亟待解决的主要问题。气候变化对河流的影响已经成为世界普遍关注的重要问题，由气候变化所引起水资源量的时空分布和水质变化等问题已成为各国科学家和政府关注的热点。由于气候变化导致水资源在时间和空间上的重新分配，水资源数量发生了改变，自然生态环境和人类社会的经济发展受到严重的影响。因此，研究变化环境条件下对水文循环系统的影响及响应机制十分重要，而水文要素的快速监测及其监测体系建设是研究水文循环的基础。

大沽河流域位于胶东半岛西部，在东经 120°03′～120°25′、北纬 36°10′～37°12′之间。干流全长 179.9km，流域总面积 6131.3km²，其中在山东省青岛市境内 4781km²，流域内有产芝水库、尹府水库、高格庄水库等大中型水库 9 座，多年平均水资源总量为 9.10 亿 m³，地表总拦蓄能力达 4.143 亿 m³，是青岛市的重要城市水源地。大沽河流域是青岛市经济发展的中心，流域内分布着 50 多处乡镇、1953 座村庄及莱西、胶州两座县级市。同时，河道两岸分布着许多工厂企业。该流域内有耕地 251.89 万亩，农业总产值 63.35 亿元，工业总产值 139.30 亿元，该流域水资源状况、分配合理与否以及开发利用格局将直接影响到青岛市的供水安全、上下游和左右岸之间的社会稳定与和谐。为

1

此，有必要开展水文要素检测体系建设，为水资源优化配置、保证青岛市的供水安全提供技术支持。

遥感是 20 世纪 60 年代迅速发展起来的一门综合性探测技术。地物由于其种类或所处的环境不同，对电磁波有不同的反射或发射特性，根据远距离的遥感器所获取的电磁辐射特征的差异即可识别地物。遥感技术具有视域宽广、信息丰富、多时相性和成本低等特点，目前已成为许多水文工作中不可缺少的新技术手段，为水文水资源研究提供了许多新的信息、技术和资料支持。遥感技术在水文学中的应用可大致分为两方面：一是利用遥感资料提取各种水体（如湖泊、河流、湿地等）的面积变化、监测冰川和积雪的融化状态信息以及洪水过程的动态监测等，这是遥感技术在水文学中的直接应用；二是利用遥感资料进行有关水文过程中的参数和变量的推求。通常是利用一些经验公式、统计模型和概念性水文模型等来获取诸如径流、土壤水分、区域蒸发、降水等水文变量。因为这些水文变量不是由遥感资料直接获得的，又称遥感技术在水文学中的间接应用（傅国斌和刘昌明，2001）。对于区域尺度上的水文要素估算、土地利用覆被变化以及河道变迁监测而言，遥感技术不仅具有常规手段无法比拟的同时快速获得大面积地面特征信息的优势，而且也是目前最经济和最准确的手段之一。

本书拟利用多传感器卫星对大沽河流域的水循环和关键水文要素（蒸散发、降水、土壤水、径流等）、河道变迁、土地利用动态进行监测，建立具有空间和时间属性的数据模型，对大沽河流域水资源情势变化进行模拟，研究大气水、地表水、地下水、土壤水相互转化的过程，实现大沽河流域水资源动态变化的数字化监测和预测。

1.2 国内外研究现状

1.2.1 蒸散发估算国内外研究现状

蒸散发（ET）是植被及地面向大气输送的水汽总通量，既包括地表和植物表面的水分蒸发，也包括植物表面和植物体内的水分蒸腾，它是陆面水文过程中极其重要的分量，决定了土壤-植被-大气系统中的水分和热量传输，是地表水量平衡支出项中的主要组成部分，同时也是陆地表层水循环最大、最难估算的部分，是水文水循环和水量平衡研究的核心。蒸散发在维持陆面水分平衡和地表能量平衡上发挥着重要作用，区域地表蒸散的变化特征反映了陆面过程中能量和水分收支状况的演变趋势，同时也进一步影响着区域气候和水资源的总量分布，进而对区域经济发展产生影响。

蒸散发作为水循环过程中最重要的分量之一，迄今已经有很长的研究历史，尤其是近半个世纪以来，学者们一直致力于蒸散发的理论模拟和估算。大量的理论和实践表明，蒸散发及其时空分布与气象状况、土壤水分、植被等因素息息相关，难以准确获取。传统的蒸散发估算方法局限于局部尺度，而较大空间尺度内陆面特征和水热传输的非均匀性导致传统的估算方法难以获取区域尺度的蒸散发。遥感技术的兴起和应用，使得估算大面积区域的蒸散发成为可能，尤其是 20 世纪 70 年代以后，涌现出了许多估算蒸散发的模型，使蒸散发的估算扩展到了空间尺度，并广泛应用于农业、水文等研究领域。遥感以少量的地面数据估算大范围区域蒸散的优势被认为是可以经济、有效地提供区域蒸散发消耗量的唯一方法。因此，开展基于遥感手段的区域地表能量与水分动态监测研究具有重要意义。

遥感估算区域蒸散发的方法主要分为经验统计模型、与传统方法相结合的遥感模型、地表能量平衡模型、温度-植被指数特征空间法、陆面过程与数据同化等。

经验统计模型机理简单，它是将站点通量观测数据与遥感数据相结合，直接拟合蒸散发与遥感参量（一般是地表温度和植被指数）的回归关系，然后估算区域尺度上的蒸散发。该方法的优点主要是简单易行，20 世纪遥感反演蒸散发初期，在估算小区域的蒸散发方面发挥了重要的作用；但是由于经验统计模型在很大程度上依赖于地表观测数据，可移植性较差，很难应用于大面积的区域蒸散发的精确估算。

与传统方法相结合的遥感模型蒸散发估算方法大都具有较为坚实的理论基础，物理概念比较明确，能较好地反映蒸散发的物理机制。然而，传统方法主要基于单点或田间尺度进行计算，难以用于非均匀下垫面蒸散发的计算。为弥补传统方法在区域尺度上的不足，结合遥感技术计算模型中所需要的净辐射、土壤热通量、阻抗等参数，进而计算区域蒸散发，使其从单点尺度推广到区域尺度，成为近年来研究的重点。1948 年，H. L. Penman 提出了基于能量平衡原理估算可能蒸发的 Penman 公式。1965 年，J. L. Monteith 将冠层阻抗的概念引入 Penman 公式，表征植被生理作用和土壤供水状况对潜热通量的影响，以估算非饱和下垫面的实际蒸散发，由此得到了著名的 Penman - Monteith 公式。该公式被证明在致密冠层的蒸散发估算上有良好的效果。除 Penman 类模型外，R. J. Bouchet 于 1963 年提出了陆面实际蒸散与可能蒸散之间的互补关系原理，为估算实际蒸散发开辟了新的途径。C. Priestley 和 R. J. Taylor 在1972 年以平衡蒸发为基础，在无平流假设的前提下，建立了饱和下垫面蒸散发的计算方法，提出了 Priestley - Taylor 模型。

温度-植被指数特征空间法主要是基于地表温度和植被指数之间的时空对

应关系与地表植被覆盖和土壤水分状况等参数之间的密切关系。以此为基础的地表蒸散算法，一般是通过特征空间求解蒸发比、Priestley - Taylor 系数、水分亏缺指数 WDI 等，进而计算地表蒸散发量。这种方法不过多依赖气象要素，但干湿边难以准确确定，大都适用于平坦下垫面，并且要求土壤表面水分状况、植被数或植被覆盖度具有较大的变化范围。

陆面过程模型是用来研究陆地-大气之间物质和能量交换过程的模型。陆面数据同化的核心思想是在陆面过程模型的动力学框架内，融合不同来源和不同分辨率的直接（地面）与间接（遥感）观测，集成陆面过程模型和各种观测算子（如辐射传输模型），根据观测自动调整模型的参数和状态变量，来获得更为可靠的地表水分和能量循环过程的信息。陆面过程与数据同化法虽然能模拟出水热通量过程的连续变化，但计算量很大，特别是较高分辨率遥感数据用于同化时，模型需要输入很多与土壤和植被属性有关的参数，而这些参数在区域尺度上很难获得，并且由于多数数值模拟需要连续的气象资料，在一定程度上限制了在区域尺度上的应用。

地表能量平衡模型法，又称为地表能量平衡余项法，是目前遥感估算不同时间和空间尺度上趋于蒸散发中应用最广泛的一种方法。不考虑由平流引起的水平能量传输，地表单位面积上垂直方向净收入能量分配形式主要包括：用于大气升温的感热通量，用于水在相态转换时（如蒸发、凝结、升华、融化等）所需的潜热通量以及用于地表加热的土壤热通量，还有一部分消耗于植被光合作用和新陈代谢活动引起的能量转换和植被组织内部及植被冠层空间的热量储存，这部分比测量主要成分的误差还小，因而常常忽略不计。地表能量平衡模型的基本思想是，在不考虑平流作用和生物体体内需水的情况下，将潜热通量作为能量平衡方程的余项进行估算，然后将潜热通量转换为瞬时蒸散量。荷兰学者 Bastiaanssen 等（1998）开发了遥感陆面能量平衡模型——SEBAL 模型，通过反演遥感地表参数，获取气象数据和植被下垫面信息估算蒸散量。Su 等（2002）提出了 SEBS 模型，其理论基础是用于计算热量粗糙度的动力学模型、大气总体相似性理论以及 Monino - Obukhov 相似性理论。M. D. Ahmad 等（2006）采用 SEBAL 模型，结合 Landsat - 7 影像对印度克里希纳盆地的蒸散量进行了估算；Anderson L. Ruhoff 等（2012）基于 SEBAL 模型和 MODIS 数据估算了巴西热带稀树草原的蒸散量；Mohammad Taghi Dastorani 等（2012）利用 SEBAL 模型和 MODIS 数据估算了伊朗亚兹德省干旱山区的蒸散量，以上研究结果均证明了 SEBAL 模型在区域蒸散量研究中的适用性。

国内在利用卫星遥感资料估算非均匀陆面区域蒸散量方面起步较晚。1991年，Chen 等（1991）尝试利用 NOAA/AVHRR、海拔高度和气象观测数据来对江河流域复杂地形上的蒸散量进行估算，用改进的 Penman 公式先计算出各类下垫面实际蒸散发量与蒸发潜力的比值，然后求出月平均蒸散量。马耀明等（1999）在利用卫星遥感技术结合地面资料估算区域尺度上的地表反射率、NDVI 及地表温度的基础上，研究了非均匀地面地表特征参数及能量平衡各分量的区域分布及季节差异。陈云浩、李晓兵等（2002）在利用遥感资料求取地表特征参数的基础上，建立了裸露地表条件下的裸土蒸发和全植被覆盖条件下的植被蒸腾计算模型，然后结合植被覆盖度给出非均匀陆面条件下的区域蒸散计算方法；2005 年，陈云浩、李晓兵等发展了一个两层的蒸散发计算模型，即从植被冠层和土壤表面出发，分别建立陆面日蒸散发量计算的阻抗模型，然后结合植被覆盖度给出非均匀陆面条件下的日蒸散发量计算方法。何玲和莫兴国（2007）应用遥感数据、农业气象站测量数据及 Nishida 模型等模拟了无定河流域日蒸散量，并对该流域日蒸散的空间分布规律进行了研究。李红军等（2005）采用 Landsat - 7 ETM＋数据和 SEBAL 模型对河北省栾城县进行了遥感蒸散研究，估算了区域日蒸散量，模拟结果较为合理；刘朝顺等（2009）利用改进的 SEBAL 模型推估了区域地表蒸散，并验证了结果与实测值具有良好的一致性；杜嘉等（2010）利用 SEBAL 模型估算了三江平原的日蒸散量，蒸散量估算结果与实测数据误差较小，且进一步分析了不同土地利用类型蒸散量的差异。

1.2.2 遥感降水反演的研究现状

降水是指从云中降落至地球表面的所有固态和液态的水分，是陆地表面水文气象的重要因素，对区域水循环过程和水平衡都具有重要的意义。降水及其分布以自上而下的方式影响陆地水文生态等过程，例如，产生地表径流、导致土壤水分发生变化等。然而，降水过程作为一种复杂的自然现象，在时空分布上具有显著的变异性特征。因此，获取高时空分辨率的降水数据，对于认识与理解陆地表面过程至关重要。

传统的降水观测手段主要是地面气象站点采用雨量仪器设备（如雨量计、地基雷达）直接观测地面降水量，并通过插值方法获取区域数据。站点观测具有较高的精度，但由于雨量计或地基雷达在陆地上分布不均，在海洋上分布更加稀少，其获取的点状降水数据存在着点位密度与分布不均匀的问题，插值结果的精度难以得到保证，具有宏观性的卫星观测则可以弥补这些缺陷。

基于卫星遥感技术对降水的时空分布进行精准测量，成为近 50 年来最富有挑战性的科学研究目标之一。早期的遥感降水反演主要依赖于被动遥感，包括地球静止卫星和近地轨道卫星上搭载的可见光、红外和被动微波传感器。地球静止卫星上可见光和红外传感器通常每隔数十分钟对目标区域进行一次观测，时间分辨率高，能够提供卫星云图，抓住一些生命史较短的降水云系统。

搭载在近地轨道卫星上的各类传感器在扫描时会出现盲区，但是微波通道提供的卫星云图，可以有效地减少卷云对降水反演精度的影响。1997 年 11 月发射的热带降雨观测卫星（TRMM）搭载了世界上第一台星载降水雷达，开创了全球降水监测的新时代。

近几十年来，人们针对各类传感器研发的降水反演算法已达上百种，既有经验型算法，也包括基于物理原理的算法。根据不同的传感器类型，目前已有的各类卫星遥感降水反演算法分为可见光（VIS）/红外（IR）反演、被动微波（passive microwave，PMW）反演、主动微波（active microwave，AMW，雷达）反演以及多传感器联合（multi-sensor，MS）反演等 4 种类型。

可见光/红外降水反演算法是最早提出而且也是最为简单的一种方法，该算法利用了冷云和暖云的物理性质。冷云和暖云的存在与对流有关，对流云系会产生降水。可以说，降水是大气动力与热力作用的综合结果，这种作用不仅决定了云中的降水，而且决定了降水云的外在形态。可见光及红外降水估计方法正是借助于可见光和红外扫描辐射仪对降水云外在形态的探测去推断云中的降水信息。对大量降水过程的定量分析表明：一些云图特征量（如云顶温度、温度梯度、云团的膨胀、穿透性云顶的存在、云体相对于云团中心的偏离量）与云底降水有着一定的对应关系。

强对流云团云顶温度是与降水强度关系最为密切的云图特征量。一般而言，降雨强度越强，其垂直发展高度越高，云顶温度便越低。在可见光及红外光波段测得的云顶信息，可用来间接估算地表降水。具体而言，即建立云顶红外温度与降雨概率和强度之间的关系。其中，目前应用最广泛的是地球静止业务环境卫星（GOES）的降水指数 GPI（Arkin 等，1987），其表达式为

$$GPI = r_c F_c t \tag{1.1}$$

式中：GPI 为降水指数，mm；t 为持续时间，h；r_c 为转换常数，3mm/h；F_c 为面积不小于 $50km \times 50km$ 区域的冷云覆盖率，无量纲单位，变化区间是 $0 \sim 1$。

云顶亮温低于 235K 的云体，定义为冷云。GPI 指数浅显易懂，简单易用，在 $40°N \sim 40°S$ 区域对流系统是主要的降水系统，而在纬度高于 $40°$ 的地域这一算法存在很大的局限性。

基于 GPI 算法原理，Ba 等（2001）提出了 GOES 多光谱降水算法（GM-SRA），它使用 GOES 的 5 个可见光/红外波段（VIS/IR）数据，采用指数函数和二次曲线估计降雨强度，并利用湿度校正因子和云增长速率校正因子对初始估计结果进行修正。

除了 GMSRA 算法之外，其他的 VIS/IR 算法有 Griffith-Woodley 算法（1978）和出射长波辐射降水指数法 OPI（Xie 等，1997）等。Ebert 等

（1998）使用对地静止气象卫星 GMS 和地基雷达数据，在西太平洋海域对 16 种 VIS/IR 降水反演算法进行了比较与分析，发现各种算法普遍高估降水。尽管各种算法在降水量估算值上存在不同程度的差异，但是它们所得出的降水空间分布则非常相似。

虽然 VIS/IR 反演算法在估算精度上相对有限，但由于 GEO 提供了长时间、相对连续的可见光/红外波段监测数据，可以提供非常精细的降水强度变化信息，所以 VIS/IR 算法已经广泛应用于包括气象业务在内的各个领域之中。我国学者利用 GMS、风云气象卫星（FY-2）等地球静止卫星资料，直接使用或者改进了 VIS/IR 降水反演算法，探讨了数种 VIS/IR 算法在中国地区的适用性（杨义彬，2011；徐晶等，2005；陈利群等，2006）。其中，基于 FY-2 系列卫星的降水估算是国内最常用的降水反演方法。

与可见光和红外波段相比，被动微波（PMW）不仅具有穿透云雨大气的能力，到达星载微波辐射计的降水云体内部产生的辐射信息还直接包含了降水结构信息，所以利用微波资料反演降水更为直接，比 VIS/IR 算法有更坚实的物理基础（李小青，2004）。迄今为止，根据微波辐射传输原理和海/陆微波辐射特性，人们提出了许多 PMW 降水反演方法。其中，Wilheit 等（1977）通过建立模拟或观测亮温与降雨率之间的简单回归关系，第一个提出了被动微波降水反演算法。目前在各类业务中得到广泛应用的统计-物理混合算法是 Ferraro 算法（Ferraro，1997），它在海洋上的反演误差为 50%，陆地上为 75%（热带和夏季中纬度地区）。而在物理原理上更为严谨的算法基本上都建立在概率论基础上，其中戈达廓线算法（GPROF）应用得最多（Kummerow 等，2001）。由于微波传感器仅安置在近地轨道卫星上，所以 PMW 算法只适用于该类星载传感器。在海洋上传感器（低频段）的空间分辨率大约为 50km×50km，在陆地上传感器（高频段）的空间分辨率大都低于 10km×10km。

热带降雨测量卫星 TRMM（tropical rainfall measuring mission satellite）上搭载了第一台专门用于监测降水的主动式微波传感器（precipitation radar，PR，降水雷达），这也是目前世界上唯一的星载降水雷达仪器。它是一台相控阵天气雷达，主要使用 13.8GHz 频段来观测降水粒子和地球表面的反射能量，并且能够获得海洋和陆地降水的三维空间结构信息（Iguchi 等，2000）。TRMM-PR 成功在轨运行极大地推动了基于星载雷达的降水反演算法研究（吴庆梅，2003）。星载雷达降水反演成为当前降水反演研究最重要的研究领域。

国外对 TRMM 降水数据的研究领域涉及的范围广，不仅包括降水的一些微物理结构和气候特征等，还包括降水的时空分布情况。Hong 等（2005）通过 TMI（TRMM microwave imager）瞬时降水数据对利用遥感信息估算降水的神经网络系统参数进行适当调整后，研究发现热带地区降水量在精度和稳定性方面，通过 PERSIANN（precipitation estimation from remotely sensed information using artificial neural networks）估算均有所提高。Krishnamurti 和 Kishtawal（2000）把 TRMM 卫星和 Meteosat-5 降水资料相结合，估算出亚洲范围内夏季风影响下降水的日变化分布情况。Berg 等（2002）利用 TRMM 卫星 PR 的降水资料对东、西太平洋赤道辐合带 1999 年 12 月至 2000 年 2 月的降水结构研究发现：两部分降水结构受地区差异的影响明显，在季节和年际变化上的差异也很显著。也有一些学者通过 PR 降水资料探讨了大城市对降水空间分布的影响（Smith 等，2007）。佛罗里达州立大学的研究人员把 TRMM 卫星降水数据和 SSMI（special sensor microwave imager）数据应用到天气预报的模式中，从而提高了局部地区乃至全球范围天气预报的准确性，进而也能够极大地提高对降水预报的精确度（Krishnamurti 等，2001）。Lonfat 等（2004）通过 TRMM 的 TMI 和 PR 资料详细地分析了台风的降水水平分布、降水粒子的垂直分布以及热带气旋加热等情况。Liu 等（2000）把 QuikSCAT 的海表面风资料和 TRMM 降水资料相结合进行研究，结果表明飓风动力和水过程是相互作用、相互影响的。

国内学者利用 TRMM 卫星降水数据开展相关研究较晚（始于 21 世纪初），研究主要集中在以下几个方面：

（1）对台风降水结构的研究。在初期研究阶段，毛冬艳（2001）通过 TRMM 降水数据对 Sam 台风做了相关研究。丁伟钰等（2002）利用 TRMM 降水资料分析了在广州登陆的热带气旋降水的时空分布特征。牛晓蕾等（2004）以桑达热带风暴和 1999 年的 9908 号热带风暴为研究对象，利用 TRMM 卫星的 TMI 降水资料，定量分析西北太平洋上热带气旋降水与水汽、潜热的相关关系。傅云飞等（2008）利用 TRMM 卫星的 PR、TMI 和 VIRS 传感器，对 2004 年发生的"云娜"台风隔离分析降水云和非降水云的特征。钟敏（2005）利用 TRMM 测雨雷达的 2A25 数据，研究了 1999 年的 9914 号台风降水在 3 个不同时间点内降水的强度和垂直结构特征。

（2）对局地中尺度强对流天气系统降水结构研究。程明虎等（2001）采用 TRMM 降水数据对 1998 年长江流域的暴雨展开了相应的研究，并借此分析了暴雨的降水强度、空间分布、降水类型以及暴雨的降水水平和垂直分布等结构特征。傅云飞等（2007）结合 TRMM 卫星的测雨雷达 PR 和微波成像仪获得的降水数据，分析了 1996 年和 1998 年分别发生在皖南地区和武汉地区的两个中尺度下降水的强度和空间分布情况及其降水的水平结构和垂直结构特征，以及与 TMI 微波亮温的关系。郑媛媛等（2004）采用 TRMM 卫星上的测雨雷达、微波成像仪、可见光和红外扫描仪获取的降水资料，分析了 1999 年发生在黄淮地区的冰雹降水过程。

（3）对大尺度范围内发生降水的特征研究。陈举等（2005）利用获取的
TRMM 卫星雷达降水数据，研究了南海及其周边区域降水的空间分布和季节
变化特征。李锐等（2005）利用 TRMM 卫星的测雨雷达的探测降水的结果，
研究了 1997 和 1998 年厄尔尼诺后期热带太平洋的降水结构，并与 1999 年和
2000 年非厄尔尼诺同期的降水情况进行对比分析。傅云飞等（2007）结合
TRMM 卫星的 PR、TMI、VIRS 和 LIS 等传感器对降水云进行综合探测，利
用全球降水气候计划降水资料（GPCP）和中国气象站点实测的降水资料，研
究了东南亚降水时空分布特点，并与 PR、GPCP 以及地面实测降水进行对比
分析。刘奇和傅云飞（2007）利用长时间序列的 TRMM 降水资料，统计分析
了亚洲夏季降水的水平分布特征，研究结果表明在孟加拉湾北部沿岸、中国南
海南部以及赤道西太平洋暖池形成了 3 个稳定的强降水中心，并利用 GPCP
的地表降水数据，评估分析了整个亚洲范围内洋面、陆面和 6 个典型区域的
TMI 降水精度。

（4）在中尺度数值模式中的应用研究。杨传国等利用 TRMM 卫星的测
雨雷达获取的降水数据，并结合分布式陆面水文模型，模拟流域中尺度下陆
面水文的过程，利用该遥感数据对水文预报等研究领域进行性能评估。徐枝
芳通过 MM5 模式，并利用 TRMM 卫星的 PR 降水资料模拟了江淮流域两
次暴雨发生的全过程；此外，徐枝芳还与葛文忠等改进了 MM5 中的积云参
数化 Grell 方案，并用该方案也模拟了 1998 年发生在江淮流域的两次特大暴
雨过程。丁伟钰在 GRAPES 三维变分通话系统的基础上，利用改进的郭晓岚
对流参数化方案作为观测算子，对 TRMM 卫星降水率资料进行同化。马雷鸣
等分析了 TRMM 卫星海表降水率数据的四维变分同化在热带气旋数值模拟中
的重要性。

（5）对微波反演降水研究。毛冬艳（2001）采用 TRMM 卫星的 TMI 降
水数据，并在考虑到海洋、陆地和海岸 3 种不同下垫面情况下，反演中国及邻
近地区的瞬时降水。姚展予等（2002）基于 4 种基于 TRMM 卫星 TMI 亮温
数据的方法，反演了 1998 年发生在中国江淮流域的夏季洪涝灾害情况，并对
比分析了实测洪涝灾害，结果表明用 TMI 亮温数据反演地面洪涝灾害精度较
高，能够满足应用的需求。此外，还利用 TMI 的探测结果分析了陆地上空非
降水云中的液态水路径的微波反演方案，并检验了该反演方案（姚展予等，
2003）。王雨等（2006）利用 TRMM 卫星 TMI 的探测资料，分析了副热带地
区非降水云液态水路径 TMI 的反演方案，并对反演结果进行了间接检验。钟
中和王晓丹（2007）分析了 TRMM 卫星 TMI 的微波亮温数据在反演陆地和
海洋降水中存在的差异，且还把 TRMM 卫星的 TMI 和 PR 探测数据相结合，

从台风 Aere（2004 年）接近台湾的观测资料中选取 3 个时间点的数据，采用 4 种不同的方法反演降水，并对比分析了这 4 种方法的反演结果。何文英等（2005）利用 TRMM 卫星的 PR 和 TMI 联合探测数据，以及河南省气象站点小时降水数据，比较验证了几种陆面降水的统计反演模型。王小兰（2009）利用物理方法把 TRMM 卫星的 TMI 亮温资料用来反演整个中国范围内的陆地降水分布。

然而，PR 并非尽善尽美。它的扫描宽度为 216km（轨道抬升后为 247km），观测范围有限。同时，它具有地基雷达的弱点，雷达观测数据的衰减校正和降水估算方法也受到诸多参数不确定性的影响。

大量的对比研究发现，在反演瞬时降水方面 PMW 算法的精准度要高于 VIS/IR 算法。由于 GEO 卫星具有较高的时间采样频率，在反演连续降水方面 VIS/IR 算法则具有更大的优势。结合 VIS/IR 算法和被动微波算法等进行联合反演可以弥补单一传感器算法存在的不足，而发展主/被动传感器的联合反演方法具有更加广阔的发展前景，因此近 20 年来结合 VIS/IR、PMW 和 PR 数据的联合反演降水算法（multi - Sensor precipitation estimation，MPE）层出不穷（刘元波等，2011）。

郭瑞芳等（2015）将 MPE 方法定义为：以 GEO - IR 和/或 LEO - PMW 为主要数据源，并以星载降水雷达、地基雷达、其他卫星数据以及地面站点降水数据、雷电、风等数据中一种或者几种为辅助数据，利用数学和/或物理方法反演降水速率的过程。迄今为止，已经提出了很多种 MPE 方法。根据主要数据源的不同，可以分为 PMW - IR、PR - PMW、PR - IR 和 PR - PMW - IR，最常见的 MPE 方法是 PMW - IR。根据 MS 联合方法的不同，主要可以分为两类：标定法和云迹法。标定法是建立 GEO - IR 和 MW 的经验关系，以此对 IR 做校正或者调整，利用校正后的 IR 估算降水速率。最常见的标定法是用 PMW 反演/估算的降水速率校正或者调整 IR 估算的降水速率，从而得到精度较高的降水速率数据。标定法可以细分为 3 类：①地球静止业务环境卫星（geostationary environmental satellites，GOES）降水指数（GEOS precipitation index）校正法，利用 MW 校正 GEO - IR 反演/估算的降水速率；②回归法，PMW 反演/估算降水速率直接建立与 IR 亮温（temperature brightness，Tb）的回归关系，基于此回归方程校正降水速率；③直方图或者概率匹配法，PMW 反演/估算的降水速率的累计分布函数和 IR Tb 进行匹配，从而获取 IR Tb 和降水速率的对应关系。云迹法是基于 IR 获取云迹对 PMW 反演/估算进行插值，从而得到大范围的降水速率数据。现有的 MPE 方法大多数属于标定法，而云迹法较少。目前，3 种广泛使用的反演算法分别是由 Joyce 等（2004）提出的气候预测中心形变算法（CMORPH），由 Huffman 等（2007）提出的

TRMM 多卫星降水分析算法（TMPA），以及由 Okamoto 等（2005）发展的 GSMaP 降水反演算法。

MPE 方法发展过程可以划分为两个阶段，以 1979 年为分界。第一阶段为初步发展阶段，主要是探讨 MPE 方法，研究区为局地，研究时间段较短，采用的数据源以地面测量数据、GEO 和 PMW 数据（主要是 SSM/I 数据）为主，反演的降水数据分辨率较粗（2.5°×2.5°，月）。该阶段的主要标志是发展了调整 GPI（AGPI）方法，并且发展了全球降水气候项目（GPCP）月降水数据集和气候预测中心降水合成（climate prediction center merged analysis of precipitation，CMAP）数据集。1979 年后，MPE 方法进入了蓬勃发展阶段，随着数据源的多元化，尤其是 TRMM 卫星的发射，MPE 方法逐渐成熟，研究区从局地转为全球，分辨率越来越精细（0.25°×0.25°，3h）。该阶段的主要标志是发展了 TRMM、GSMaP、CMORPH、NRLB 和 PERSIANN 等高时空分辨率降水数据集。

1.2.3　遥感监测土壤水分的研究现状

土壤水分，一般是指保存在不饱和土壤层（或者渗流层）土壤孔隙中的水分。它是水资源中的重要组成部分，控制着地-气能量交换过程，对水文、气象、农业等行业领域都产生极大的影响。作为一个地表系统中的关键参数，土壤水分在水循环、农业生产、气候变化以及环境监测研究中是必不可少的参量。土壤水分不仅连接大气与地表的能量和水分转换，而且对地下水的状况也有很大的指示作用。另外，土壤水分还是植被生存环境干旱状况的指示因子，也是植被生长的必需因素。在陆地水循环中，土壤水分作为水循环的一个重要组成部分，起着不可忽视的作用。一方面，土壤水分通过接受太阳辐射，地表温度升高，水分蒸发进入大气中，形成地表与大气之间能量的交换；另一方面，土壤水分通过垂直运移，与地下水产生联系，从而供给地表植被的生存用水，将地表水与地下水联系在一起。

获取土壤水分的传统方法主要是田间实测法，包括重量法、中子仪法等。田间实测法可以准确估测土壤剖面的含水量，但仅限于单点，需要大量的人力、物力，不仅费时，而且成本高，很难大范围、高效率地获取土壤水分。不仅如此，由于土壤、地形、植被覆盖上的空间差异使单点的代表性差，也限制了它的应用范围。20 世纪 90 年代之后，由于遥感技术的兴起，人们逐渐将视线转移到能大面积监测地表的遥感技术上来，通过建立反射率以及地表温度/植被覆盖度甚至热惯量与土壤水分的关系，得到区域尺度的土壤水分，开创了土壤水分遥感监测的新纪元。

土壤水分遥感反演已经开展多年，并取得了大量的研究成果。研究的手段有地面遥感、航空遥感和卫星遥感；遥感波段包括可见光、近红外、热红外和微波等多种遥感波段；遥感监测土壤水分的方法亦有表观热惯量法、蒸散与作物缺水指数法、绿度指数法、温差法、微波散射系数法等。

使用遥感监测土壤水分，不同波段反演土壤水分的原理不同。在可见光和近红外波段，研究发现不同湿度的土壤具有不同的地表反照率，通常湿土的地表反照率比干土低，并且从理论上可以测量这种差异。1973 年，日本学者在札幌研究了 5 种土壤的反射率，建立了蓝波段和绿波段的胶片密度和土壤含水量的多元回归方程。Curran 等用可见光全色片记录下一个广阔范围的土壤湿度的变化，并用假彩色红外片定性地提供了沙壤质泥炭地土壤湿度的空间分布。Robinove 等（1981）用 Landsat MSS 的反照率对美国犹他州西南沙漠试验区进行连续 4 年的监测，结果发现反照率的增减与土壤水分的高低关系密切。Henrickson（1986）用多时相的 NOAA/AVHRR 的可见光/近红外影像对埃塞俄比亚 1983—1984 年的干旱进行监测，获得理想结果。Everitt 等（1989）研究了多光谱数字化录像资料与土壤湿度的关系，所用光谱波段分别为可见光（$0.4\sim0.7\mu m$）、可见光/近红外（$0.4\sim1.1\mu m$）、可见光/中红外（$0.4\sim2.4\mu m$），试验按不同湿度处理的土盘和大田两组进行。结果表明 3 个波段的数字化录像资料都与土盘和大田的土壤湿度存在着显著的相关，且以中红外的录像资料与表层土壤湿度的相关性最为显著。刘培君等（1997）采用土壤水分光谱法，针对干扰土壤水分遥感的植被覆盖问题，利用遥感估算光学植被盖度，像元分解法提取土壤水分光谱信息，以 TM 数据为桥梁，建立了 AVHRR 可见光与近红外通道的土壤水分遥感估测模型。但是，虞献平等（1990）提出，利用土壤反射率的差异遥感监测土壤水分，会由于不同类型土壤间发射率的差别与土壤水分引起的差别相当或更大，加之太阳高度、大气条件和地表状况等引起的误差，使得用这种方法定量估算土壤水分变得更加困难。

尽管利用可见光-近红外波段进行土壤水分遥感监测得到了一些结果，但这方面的研究试验相对较少，从理论到实践上人们都更多地关注红外波段信息在土壤水分遥感监测中的应用研究。

在热红外波段遥感可以监测地表温度，而地表温度与土壤含水量有关。Myers 等（1969）的研究表明，对于裸土的水分含量可由土表温度变化测定，并可检测到 50cm 的深度。Bartholic 等（1972）发现，农田裸地表面日最高温度 $T_{s_{max}}$ 随近地表水分含量的增加而减小。从实用的角度考虑，在一定的气象条件下（晴朗、无风），用白天下垫面温度的空间分布可以有效地反映土壤水分的空间分布，刘志明（1992）比较了利用 NOAA/AVHRR 热红外通道白天或夜间一次资料反演的地表亮度温度与土壤水分的相关关系，白天热红外资料生成的亮温-土壤水分图与热惯量土壤水分图的结果基本一致，但前者更容易获得资料。罗秀陵等（1996）应用 NOAA/AVHRR 热红外通道亮温资料，结合地面气象、农情等资料对四川省大面积夏旱进行动态监测。李杏朝（1996）利用 NOAA/AVHRR 第四通道资料，采用密度分割法、日夜温差法进行旱情监测。

另外，利用地表温度可以获得土壤热惯量，进而估测土壤水分。土壤热惯量与土壤水分关系密切，土壤含水量高，土壤热惯量高；反之，土壤热惯量低。Watson 等（1971；1974）最早成功地应用了热惯量模型，Rosema 等（1986）进一步发展了他们的工作，提出了计算热惯量、每日蒸发的模型。Price 等（1985）在能量平衡方程的基础上，简化潜热蒸发（散）形式，引入地表综合参数概念，系统地阐述了热惯量方法及热惯量的成像机理，并提出了表观热惯量的概念，利用卫星热红外辐射温度差计算热惯量，然后估算土壤水分。这个方法已经得到普遍认可。近年来，又有许多研究对基于遥感数据求解土壤表层热惯量的方法做了改进与简化。隋洪智等在考虑了地面因子和大气因子的情况下，进一步简化能量平衡方程，使直接利用卫星资料推算得到地表热特性参量成为可能。余涛等（1997）提出了一种改进的求解土壤表层热惯量的方法，发展了地表能量平衡方程的一种新的化简方法。经过这样的处理，可从遥感图像数据直接得到热惯量值，进而得到土壤水分含量分布。马蔼乃等（1990）均从不同角度、在不同的区域利用 NOAA/AVHRR 资料进行热惯量法遥感土壤水分的监测试验。日本学者宇都宫阳二郎与中国科学院长春净月潭遥感实验站合作（1990）以中国东北吉林省为中心进行区域土壤水分调查，采用 NOAA 卫星资料，结合近地层小气候及地下热流量观测资料，进行热惯量计算，并与同步测定的 0～15cm 土壤水分资料建立统计模式，绘成土壤水分分布图。

随着热惯量法遥感土壤水分理论的日臻成熟，对于在裸露或植被覆盖度较低时土壤水分遥感采用热惯量法的效果已得到认可，但在实际应用中，仍需根据当地的状况对模型参数的求解和某些因子的省略做一些必要的调整。

微波分为被动微波和主动微波。被动微波通过测量土壤亮温来估测土壤水分，土壤亮温由土壤介电常数和土壤温度决定，而介电常数和温度与土壤含水量有关，可以通过微波辐射计获得的土壤亮度温度反演土壤含水量。许多观测和测量表明，来自土壤的微波发射与土壤湿度存在着很好的相关关系，这种较好的相关关系可以到达 20cm 的土壤层（Jackson 等，1994；Pampaloni 等，1990）。Shutko（1982）指出，对于裸露的各向同性的土壤，在波长为 2.25cm 和 18cm 时观测和试验得到的土壤水分含量与其发射率为线性关系。随着微波遥感的理论与实践的不断发展，基于辐射传输方程的微波遥感土壤湿度算法也得到了发展，并已展示出良好的发展前景。Njoku等（1999）从辐射传输方程出发，建立辐射亮温与土壤湿度等参数的物理模型，然后用迭代法和最小二乘法解方程，求出土壤湿度。

主动微波遥感器发射一束经调制的电磁波能量，并且接收后向散射回波，通过后向散射系数σ建立起目标物的形态和物理特征与后向散射回波的关系。土壤后向散射系数主要由介电常数和土壤粗糙度决定，而介电常数由土壤含水量决定，因此可以利用雷达反演土壤的含水量。许多模式建立起来用于独立地估算这些项，半经验的模式容易反演，但是不够可靠；而复杂的理论模式需要许多的输入数据，使得反演变得困难。如果土壤上有植被覆盖，问题就更复杂，模式也必须考虑植被和粗糙度的影响。目前有两种模式正在使用：连续的和离散的模式。在前者中，介质的介电常数被假定为随机过程，并且其平均值和相关函数已知。在后者中，介质被看做是代表树叶和树干等许多散射物体的集合体。Ulaby等（1982）的研究发现，对土壤表层5cm的土壤湿度最敏感的频率是4.5GHz（C波段），水平极化，入射角为10°。实验结果显示，土壤湿度对裸露土壤的敏感度是0.15dB；对有植被的土壤是0.13dB。田国良（1990）利用1987年11月在河南省封丘县取得的X波段机载合成孔径雷达水平极化（HH）图像进行麦田土壤含水量监测，将土壤水分分为8个等级。李杏朝（1995）于1994年10月22日根据微波后向散射系数法，用X波段散射计测量土壤后向散射系数，与同步获取的X波段、HH极化的机载SAR图像一起，进行了一次用微波遥感监测土壤水分的试验，监测相对误差率仅12%。

主动微波遥感的最大进步在于一系列带有微波传感器的卫星（如ERS系列、Radarsat、ADEOS、被动微波）的发射和即将发射升空，极大地推动了主动微波遥感土壤湿度的研究。Dobson等（1992）将ERS卫星资料用于土壤湿度的敏感性研究，取得一定的结果。Ulaby等（1990）的研究发现，对于土壤表面覆盖较少的生物量（$<1\text{kg/m}^2$），如短草等，用ERS-1资料反演土壤湿度是可行的。

值得注意的是，各种因子，如土壤粗糙度以及植被的覆盖都会影响微波反演土壤湿度的精度。土壤的粗糙度对于土壤的微波发射起着重要的作用，许多建立在各种近似基础上的理论模式用于预测在不同频段上粗糙表面的微波发射。由于土壤粗糙度的影响取决于观测的波长，因此可以用多频段的方法来估计土壤表面粗糙度。Pampaloni等（1990）的研究表明，在频率为1.5GHz的L波段（波长21cm）附近或更低的频率上，对平坦裸露5cm厚的土壤来说，微波亮温对土壤湿度的敏感度约为$3.5\text{K}/(0.01\text{g}\cdot\text{cm}^{-3})$，而由于土壤的粗糙度和植被的存在会导致敏感度下降，但仍可达到约$1\text{K}/(0.01\text{g}\cdot\text{cm}^{-3})$，这些研究指出，频段在10GHz的微波发射对土壤湿度相当敏感，而在36GHz的微波发射更多地受到土壤粗糙度的影响。Baronti 等（1995）利用 SAR 对农田的观测试验表明，在裸露平坦的土壤上的信号对土壤湿度的敏感性远好于在粗糙或有植被的土壤上的，相关系数从前者的 0.91 降到后者的 0.43。

在有植被覆盖土壤的情况下，遥感土壤湿度的敏感性会降低，这是因为植被吸收了土壤的发射，然后本身再发射辐射。有研究表明，对主动微波遥感的影响，主要是由于植被本身所含的水分吸收和散射到达冠层的微波信号所造成的（Bindish 和 Barros，2001）。Kirdiashev 等（1978）研究发现，除了森林以外，阔叶植物的存在也会导致敏感性的降低，在频段 1GHz 处约为 30%，在频段 10GHz 处约为 90%。在后一种情况下，绝大多数的向上辐射都来自于植被本身的辐射发射。一般来说，遥感土壤湿度的敏感性降低因子取决于土壤上的生物量。目前，已有一些经验、半经验及理论的模式被建立并不断地改进，以分析植被对土壤湿度的影响，但都是针对某一地区的实际情况进行的，并不带有普遍性。

1.2.4　土地利用动态监测研究现状

土地利用是人类根据土地的自然和社会经济属性，根据一定的社会和经济目的，采取一系列的技术手段，对土地进行的经营活动，是人类利用土地的自然属性和社会经济属性不断满足自身需求的过程（黄秉维等，1999）。农业、林业及城镇的发展等人类对土地资源的利用活动都属于土地利用的范畴，不仅包括自然因素，也包括经济、技术和社会因素（吴传钧和郭焕成，1994）。与土地利用相对应的概念便是土地覆盖，这两者既有联系又有区别。土地覆盖更注重描述土地的自然属性或物理属性，IGBP 和 IHDP 将土地覆盖定义为"地球陆地表层和近地表层的自然状态，是自然过程和人类活动的自然结果"（Turner 等，1995）。可见，土地覆盖是指地表自然形成的或者人为引起的覆盖情况，如地表植被、冰川、土壤、建筑、道路等。在研究土地利用情况时，必须先查明土地覆盖类型，根据土地的覆盖状况来分析和判断土地利用情况。

土地利用与土地覆盖既有密切联系又有本质区别，土地利用变化是土地覆被变化的原因，也是土地覆被变化的响应。由于土地利用变化对环境的影响主要是通过改变土地覆被状况产生的，因此人们常把土地利用变化与土地覆被变化联系在一起，简称 LUCC，所以认识土地利用变化是深入了解土地覆盖变化的重要基础。

土地利用动态监测是将不同时相的土地利用数据进行对比，从空间和数量上分析其动态变化特征和未来发展趋势，主要采用遥感技术获取动态土地利用数据及地理信息系统管理和更新土地利用现状数据库的方式进行土地利用的实时监测。不管是土地利用状况还是土地覆盖情况都是大面积的，随时间变化的，采用传统方法进行监测存在许多的困难，而遥感与地理信息系统技术的出现与发展很好地解决了这一问题。遥感作为一种新兴技术，是根据电磁波理论，利用传感器接受物体的电磁波而获取物体的光谱信息等，通过遥感手段就可以获得从同一地区的不同时相的数据图像。地理信息系统是以地理空间数据库为基础，在计算机软硬件的支持下，用于空间和地理有关数据的采集、存储、提取、检索、分析、显示、制图、实现综合管理和分析应用的技术系统。以遥感为获取数据的手段，以地理信息系统作为数据存储和分析的工具，两种技术的结合使得人们可以准确、及时地掌握土地利用变化情况。同时，全球定位系统（GPS）技术的出现和发展给测绘带来了一场全新的革命，它可以为土地利用遥感数据获取提供准确定位，从而为准确地界定区域界线提供了可能。遥感技术具有强大的数据获取能力而且时效性强，准确度高，监测范围大，包含多种定量、定性的信息，同时还可以方便地在计算机和地理信息系统软件中进行数据分析，所以遥感技术已成为土地利用/土地覆盖变化研究的主要方法。

20 世纪 30—70 年代，土地利用的研究主要集中在土地利用类型分类描述、制图以及引起土地利用变化的机理等初步研究上，而且主要是从经济学角度出发进行研究的。在第二次世界大战后开始出现了利用航空照片进行区域范围内土地调查与制图的研究。从 20 世纪 50 年代开始起，人们开始探讨利用遥感资料进行大范围土地覆盖和土地利用制图的可行性，包括发展适用于遥感数据特点的土地分类系统及分类方法问题。70 年代，卫星遥感技术应用于大范围土地资源的研究。80 年代，开始在洲际范围内利用气象卫星数据进行土地覆盖的研究，并取得了有效的成果。80 年代后期以来，随着遥感与 GIS 技术在土地研究中的广泛应用，典型地区的土地利用变化动态与检测蓬勃发展，并开始以此为基础的土地利用的优化决策的定量分析。

20 世纪 90 年代以来，全球环境变化研究领域逐渐加强了对 LUCC 的研究工作，LUCC 机制对解释土地覆盖的时空变化和建立 LUCC 的预测模型起到关键作用，是全球变化研究的焦点问题。

1.2.4.1 国外研究进展

国外 LUCC 研究主要包括北美流派、欧洲流派和日本流派，他们分别从宏观模型、福利分析和数量模拟入手对 LUCC 进行研究。总的来说，国外 LUCC 研究主要集中在几个关键性领域：土地利用的动力机制、土地覆盖变化、LUCC 的区域与全球模型以及遥感技术在 LUCC 研究中的应用等。

国外早期的土地利用/土地覆盖变化的数据主要通过人工调查的方式来获取，以此为基础进行土地利用的分类与制图。1922 年，索尔等就在美国的密歇根州开展了土地利用综合调查，开创了小区域土地利用综合考查的先例。1931 年，Webb 对美国大平原的土地利用类型及变化进行了研究。1946 年，

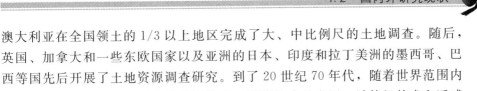

澳大利亚在全国领土的 1/3 以上地区完成了大、中比例尺的土地调查。随后，英国、加拿大和一些东欧国家以及亚洲的日本、印度和拉丁美洲的墨西哥、巴西等国先后开展了土地资源调查研究。到了 20 世纪 70 年代，随着世界范围内的土地利用调查广泛开展和计算机技术、遥感技术的发展，计算机技术和遥感技术被运用于解决土地利用的一些具体问题。目前，通过 3S 技术来进行土地利用变化的研究已经成为一种趋势，成为土地利用变化研究最重要的技术手段。例如，Skole 等利用 1978—1988 年 1∶50 万比例尺的陆地卫星 TM 图像与 GIS 技术对巴西亚马逊盆地大面积的热带森林砍伐和居住区破碎化进行研究，取得了良好的效果。

1990 年全球变化研究委员会最早提出了一个全球性 LUCC 研究框架。1992 年联合国制定的《21 世纪议程》标志着国际上关于土地利用变化研究的正式开始。1995 年，由隶属于"国际科学联合会（ICSU）"的"国际地圈——生物圈计划（IGBP）"和隶属于"国际社会科学联合会（ISSC）"的 IHDP 共同拟定了为期 10 年的"LUCC 科学研究计划"。作为国际全球变化研究的一项核心计划，这一计划重点研究土地利用变化的人地关系。随着计划的不断深入，其他一些组织和各个国家、地区也相继开展了一些相应的研究，如联合国环境规划署的土地覆被评价与模拟、联合国粮农组织（LAO）的土地利用分类、国际系统分析研究所（IIASA）的土地利用变化研究项目、国际地理联合会（IGU）的土地利用与土地覆被研究项目、联合国"千年生态系统评估（millennium ecosystem assessment，MA）、美国国家航空航天局（NASA）的"土地覆被与土地利用变化项目（land cover and land use change，LCLUC）"等（史培军，1997）。

在 LUCC 研究计划执行的 10 年间，研究内容从全球气候变化效应扩展到不同空间尺度的 LUCC 过程、驱动机制，以及资源、生态和环境影响等诸多方面。除了在 LUCC 监测技术、驱动力、生态环境效应和建模研究等不同方面取得了丰硕的研究成果外，LUCC 研究在理论上也实现了非常大的突破。2005 年在 IHDP 第六届开放会议上，为期 10 年的"LUCC 科学研究计划"宣告结束。与此同时，Aspinall 和 Ojima 介绍了 IHDP 与 IGBP 新设立的"GLP 计划（Global Land Project）"。GLP 是在 IGBP 核心研究计划——"全球环境变化与陆地生态系统（GCTE）计划"和"LUCC 科学研究计划"基础上的又一项国际性的土地利用/覆被变化研究项目。该计划主要研究陆地系统变化的原因和本质、陆地系统变化的后果以及陆地可持续性的综合分析和模拟（Ojima 等，2005；史培军等，2006）。把人类与环境耦合的陆地系统（coupled human - environment terrestrial system）作为研究重点，对人类-环境耦合系统间的相互反馈开展综合研究。目标是量测、模拟和理解人类-环境耦合系统，为可持续发展和保护土地资源提供政策借鉴（李学梅，李忠峰，2008）。2007年 12 月《美国科学院院刊》上刊发了美国科学院院士、克拉克大学教授 Turner 和原 LUCC 研究计划主席、比利时鲁汶大学教授 Lambin 及现 GLP 研究计划主席、哥本哈根大学教授 Reenberg 3 人共同撰写的"全球环境变化和可持续性背景下的土地变化科学"一文，指出土地变化科学（LCS）重在加强以下 4 个方面的研究：①对全球的土地变化的观测和监测；②在人与环境耦合系统中去理解这些变化；③土地变化的空间解释模型；④对土地系统的脆弱性、弹性和可持续性进行评价。进一步强调了土地利用变化在全球环境变化和可持续性研究的重要作用（杜习乐等，2011）。

　　所以，目前国际上对土地利用与覆被信息的研究主要包括土地利用与覆被动态变化过程与驱动机制的关系、土地利用对区域环境的影响、土地利用预测模型的建立以及"3S"技术在土地利用与覆被变化动态监测中的应用等。总之，国外对土地利用/土地覆盖变化的研究由最初的经济学意义逐步提升到与社会、环境、人类等关系的层面，研究其变化的社会驱动力，产生的结果等，进而揭示其与环境变化的关系。在研究的过程中，更多地与自然科学和社会科学紧密相关，进一步探索如何更有利、更科学地进行土地利用和如何更有效的对有限的土地进行调控，从而为土地资源科学的可持续发展提供强大的依据。

1.2.4.2　国内研究进展

　　与国外的发展情况相比较，国内在土地利用和土地覆盖变化方面的研究由于某些技术上的落后而发展较缓，但是起步还是比较早的。在 20 世纪 30 年代初，金陵大学教授 J.L.Buck 对我国东部农业地区进行了广泛调查并出版了《中国土地利用》专著（唐华俊等，2004）。为了服务于国家经济建设，我国从 20 世纪 50 年代开始进行了大量的土地利用变化研究，如农业土地分等定级、重点区域的土地资源调查和简要规划以及土地资源适宜性评价等，在土地利用调查、基础图件编制和基础理论研究等方面做了大量的工作，积累了丰富的资料与研究成果。20 世纪 80 年代至 90 年代初，国家土地管理局组织了全国土地概查工作，主要对中国土地利用的发展变化规律、特点及土地资源潜力进行了研究，并做出了全国土地利用的总体规划。在 1980—1985 年期间，我国曾用 Landsat 多光谱数据对全国的土地资源进行调查，宏观反映了我国土地资源的基本情况。20 世纪 80 年代后期比较重大的遥感工程包括"黄土高原水土流失遥感调查"及"遥感技术在西藏自治区土地利用调查中的应用"等项目。这个时期研究主要集中在土地利用时空变化研究方面，例如史培军（1997）在《人地系统动力学研究现状与展望》中论述到，土地利用/土地覆盖变化的研究是地球表层系统的主要研究方向，而且还提出遥感及技术是土地利用和土地覆盖变化研究中的重要技术手段（史培军，宫鹏等，2000）；王秀兰、包玉海

（1999）在"土地利用/土地覆盖变化"的含义和内容的基础上，对土地利用变化研究的方法和土地利用变化模型的建立进行了概括分析，同时也对各类模型的含义以及在土地利用变化研究中的意义进行了阐释，另外还重点介绍了几种定量研究土地利用动态变化的模型。

20 世纪 90 年代以后，随着国际各国相应 LUCC 研究项目的相继开展，我国的土地利用研究方向也进行了相应的调整，同全球变化相联系起来，开展了一些与土地利用变化驱动力等方面有关的研究。研究领域主要包括利用遥感影像对土地利用进行动态监测分析、土地利用变化对农业生态系统以及全球环境变化的影响、土地利用变化驱动力和变化研究模型等。研究领域的不断扩大，体现了我国对土地利用和土地覆盖的认识逐步系统、全面、科学化（Browni，1995）。

北京大学蔡运龙教授首次研究了全球气候变化对农业生产的影响，然后对土地利用和土地覆盖变化所引起的社会经济领域问题以及怎样实现土地利用的可持续发展等问题进行了一系列探讨；刘纪远等（1997）通过遥感手段，并采用与地理信息系统相结合的方法，系统地研究了中国境内土地利用程度的区域分异情况。同时，还对遥感数据进行处理和优化，得到归一化植被指数（NDVI），在与地理数字影像相结合的基础上，针对植被的综合分类和土地资源面积以及生态环境质量开展了很多的研究。

近十几年，土地利用变化研究尤其侧重于通过结合遥感、野外观测与调查统计数据，探讨 LUCC 过程、驱动机制与环境效应。例如在研究 LUCC 的驱动力方面，李志等（2006）利用 1986 年、1994 年和 2004 年的黄土沟壑区土地利用数据，得出了该研究区 18 年间的土地利用动态变化规律，并通过三个驱动力因素即政策向导、社会经济因素和人为积极治理进行了驱动力分析。宋开山（2008）等基于遥感技术提取了三江平原的 1954—2005 年期间的六期土地利用信息并利用地理信息技术对其进行了定量研究，同时就三江平原的土地利用和该地区的国有农场耕地与人口的关系进行了驱动力分析。由于该研究时间跨度大，因此基本了解了三江平原的 51 年的土地利用信息，为相关部门的决策提供了有效支持。摆万奇等（2005）应用 Logistic 逐步回归方法，通过空间分析，在大渡河上游地区 15 个生物、物理和社会因素中筛选出对不同地类具有重要影响的关键因素，并确定了它们之间的关系和影响大小。

自 20 世纪 90 年代以来，国内的土地利用和土地覆盖变化的研究在朝着多种技术、方法相结合，涉及研究领域更广阔的方向不断发展着。近十几年来，因为人地矛盾日趋尖锐，国内学者相继开展了一系列土地利用/土地覆盖变化的研究项目。例如，中国科学院和农业部组织实施的"八五"重大应用研究项目"国家资源环境遥感宏观调查和动态研究"、农业部计划司项目"我国农业土地利用/覆被变化与 21 世纪的粮食安全"、国家自然科学基金重大项目"我国主要陆地生态系统对全球变化的响应与适应性样带研究"、国土资源部组织实施的国家"十一五"科技支撑计划重点项目"区域土地资源安全保障与调控关键技术研究"、2010 年启动的由中国科学院地理科学与资源研究所主持的"973"计划全球变化研究重大科学研究计划"大尺度土地利用变化对全球气候的影响"项目、《国家中长期科学和技术发展规划纲要（2006—2020 年)》所确定的国家科技重大专项"高分辨率对地观测系统"等。

　　总之，随着国内外土地利用/土地覆盖变化研究项目的顺利开展与实施以及遥感、地理信息系统技术的诞生，研究方法在不断改进，取得了大量的研究成果，研究内容也从全球气候变化效应研究扩展到不同空间尺度的土地利用/土地覆盖变化过程、驱动机制以及资源生态和环境效应影响的研究等诸多方面。

1.2.5　河道变迁研究简介及其研究现状

　　河道变迁是指河流在自然条件下，受两岸的土质植被影响，或受人工建筑物的影响所发生的变化，是水流与河床相互作用的结果。在任何一个河段，或任何一个局部地区内，水流受坡降、河床宽窄、河岩地质条件、植被等因素影响都具有不同的流速，具有冲刷河床和挟沙能力，从而使河道发生变化。河道变迁就其形式而言可分为两类：一类是纵向变形，指河道沿流程纵深方向发生的变形，即河床纵剖面的冲淤变化，主要表现为河床下切；另一类是横向变形，也称平面变形，即河床沿着与水流垂直的水平方向发生变形，曲折系数变化从宏观上反映河道的总体横向变形，而洲滩演变则从细节上体现了河道的横向变形情况。这两种演变错综复杂地交织在一起，有时同时发生，有时单独发生，有时左岸冲刷、右岸淤积，还有时右岸冲刷，在左岸形成淤积。

　　研究河道变迁需要提取河道的特征信息，能否提取出能合理、有效地反映河道变化的特征因素对河道变迁的研究意义重大。部分研究基于实地野外资料来研究河道变化，例如樊自立等（2006）通过对新疆塔里木河的实地考察、历史资料、地形图等数据的分析研究，得到塔里木河自有史料记载以来的河道的主要变迁过程。赵伟敏、李健等（2013）主要从河流阶地方面研究黄河盐锅峡段的河道演化，依照阶地次序推断区域内河流演化的基本阶段和步骤，再辅以研究新生代以来的地层状况，进行了阶地卵石特征的分析来加以证实，论述了区域内黄河河道演化的条件，演化的方向及基本的演化过程。同期的更多类似研究采用了遥感及地理信息系统技术。应用遥感和地理信息系统技术提取河道的特征数据以开展河道及水系演变研究，在国内已经有了很多相关案

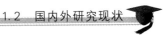

例，这些案例包括：刘少华（2000）论述了利用 3S 技术对河道信息的提取方法；黄家柱（1999）应用遥感、地理信息系统和计算机制图技术，建立了近 50 年来长江河道演变图谱；齐跃明（2003）利用遥感技术对长江安徽段河道历史时期的演变及近 50 年来的演变进行了分析；钟凯文（2005）利用近 30 年来的遥感图像和相关地形图，结合 GPS 技术，对北江下游河岸变迁、洲滩和河道演变进行了研究，并探讨了河道变化和成因。钟凯文、刘万侠等（2006）利用多时相卫星遥感数据和 1∶5 万地形图分析研究北江下游的河道演变情况，提取的河道特征数据有平均水面宽、过水面积、滩洲面积、曲折系数等，从河道横向变化和纵向变化两个方面研究河道演变。郑明福、张力等（2007）利用多时相、多源遥感卫星影像和航空影像研究汉江中下游（潜江段）河道变迁情况，通过提取河道水体与滩地（边滩或心洲）的界线、河道主泓位置等河道因子来研究河道变迁情况。胡强（2008）利用卫星遥感影像及其他多源数据研究清口地区的河道演变情况，提取了各河段河道的长度、平均宽度、河道面积等因素来反映河道变迁情况。李长安、杨则东等（2008）利用 1954—2001 年的航卫片遥感信息，对长江皖江段的岸线特征及变化进行了调查和分析，提取分析了河道左、右岸线的长度、曲折度及位置的变化。崔卫国、穆桂金等（2008）利用航空和卫星遥感影像、地形图及相关历史文献资料分析研究了新疆玛纳斯河下游冲积平原河道的演变过程，主要从色调、图案、形状、位置、河道空间展布规律以及与其他地貌景观之间的关系出发，综合分析河道变迁的图形、图像特征和水系特征，得到河道演化的相关信息。边志华（2011）利用多时相和多源卫星遥感影像研究丹江口大坝下游河道变迁情况，提取了河床水面/滩洲面积之比（WS/TI）、主河槽弯度（RR）或主泓线长度、河道摆动幅度等指标，同时结合地面调查，来监测跟踪大坝加高工程前后下游的河道变迁情况。张岳（2013）利用 GIS 技术，对新安江电站下游河道高程数据进行分析，得到河道变化的趋势，以利于实时监测河道变化。

随着遥感技术的不断发展、卫星传感器覆盖率和精度的不断提高以及图像处理技术、地理信息系统技术的不断改进，探索河道及水系演变研究方法的改进成为热点。方法也向多种数据源、更高效的自动提取或自动提取与目视解译相结合发展。例如利用目视解译、多源数据融合来提取河道信息的案例包括：边志华（2011）利用 SPOT 影像和不同时相的 TM 影响融合，根据河道在遥感影像上的光谱响应特征，用目视解译的方法提取河道信息；钟凯文、刘万侠（2006）等利用北江下游河段的 1975—2011 年的 TM 和 MSS 影像数据，在 ArcInfo 软件中目视解译生成河道矢量文件，进一步提出河道特征因子；郑明福、张力等（2007）利用多时相、多源遥感卫星影像和航空影像研究汉江中下游（潜江段）河道变迁情况，根据遥感影像各波段对各种地物的光谱特性，根据河道的光谱特征、空间特征和时间特征建立河道的影像判读标志，进行河道特征提取。

　　基于多源遥感数据、尝试结合自动提取和人工解译相结合的案例包括：胡强（2008）基于 TM、MSS、SPOT 及航空卫星影像，利用谱间分析法、水体指数法和人机交互矢量化方法，根据河道在不同影像上的光谱响应特点提取河道信息。干嘉元、王荣华等（2007）利用航空遥感图像研究进行河道自动提取的方法，通过分析在遥感图像中河道的光谱特征和形态特征，提出从 X 和 Y 两个方向分别提取遥感图像中河道形态特征的方法，并证明该方法在周围线性地物较少的情况下效果良好。杨娟、王心源等（2011）利用不同时相的 TM、MSS、SPOT－5 及中巴资源卫星影像，用 MNDWI 指数法及谱间关系法提取了长江安徽段 1978—2009 年间河道特征信息，并分析研究其演变特点。林强、陈一梅等（2008）利用厦门湾地区陆地卫星 Landsat－7 ETM＋影像，通过阈值法、谱间关系法和 MNDWI 指数法提取水体信息，并提出从提取精度定量评价上看，MNDWI 指数法最高，阈值法次之，谱间关系法最差。赵福强、杨国范等（2014）利用环境减灾小卫星 30m 的遥感影像，选取研究区内 2012 年 3—10 月间 10 个时相的遥感影像，利用二维经验模态分解（EMD）对研究区的 NDVI 时间序列进行分解与重组，通过分别使用极大似然法分类器、EMD－极大似然法分类器、神经网络分类器、EMD－神经网络分类器对研究区域分类提取浅水河道，表明经过二维 EMD 分解后的提取效果明显优于对应的传统分类器。

　　国外相关的研究较少，主要集中在人类建设对于河道的影响及河道提取的方法方面，例如 Archana Sarkar 等（2012）利用 1990—2008 年间不同时相的遥感数据，基于 GIS 提取分析了印度布拉马普特拉河的河道变迁情况。Amy E. Draut 等（2011）利用多时相的航摄影像及相关数据，分析研究了修建大坝对华盛顿艾尔瓦河河道变迁的影响。近两年基于新型遥感数据源和遥感平台的新方法的案例包括：Claude Flener 等（2013）提出利用移动 Lidar 和无人航空摄影测量方法获取 DTM 用于提取河道和河漫滩；İnci Güneralp 等（2014）提出基于被动遥感高空间分辨率数据利用面向对象的方法结合植被和水体指数提取河道、水体特征。

第2章 大沽河流域概况

2.1 地 理 位 置

　　大沽河发源于山东省烟台市招远阜山，由北向南，流经山东莱西市、平度市、即墨市、胶州市和胶南市，于胶州市河西屯以南码头村入胶州湾，干流全

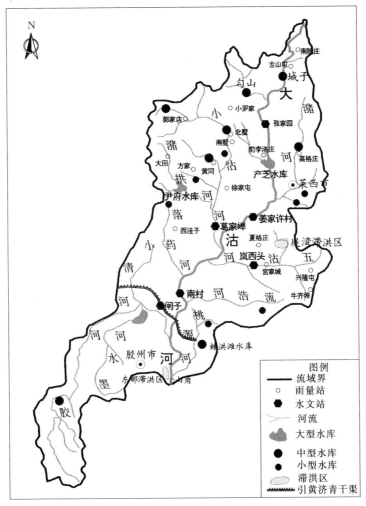

图 2.1　大沽河流域地理位置分布图

长 199km，是胶东半岛的最大河流。

大沽河流域包括大沽河干流以及诸多支流，主要支流有小沽河、潴河、五沽河、流浩河和南胶莱河，包括青岛市的莱西市、即墨市、平度市、胶州市、胶南市，潍坊的高密市，烟台的莱阳市、招远市和莱州市，流域总面积 6205km²，其中，在青岛市境内的面积为 4781km²，占流域总面积的 78%。具体位置分布见图 2.1。

2.2 气 象 气 候

大沽河流域属于华北暖温带季风气候区，空气湿润，气候温和，四季分明，具有夏季炎热多雨，冬季寒冷干燥，春季干旱少雨，秋季冷暖适中的特征。

2.2.1 气温

据南村站 1951—2001 年 51 年的观测资料，该区多年平均气温为 12.5℃，8 月气温最高，1 月气温最低，最高气温达 37.4℃，最低气温为 -20℃。该站 2014 年逐日气温监测结果见图 2.2。

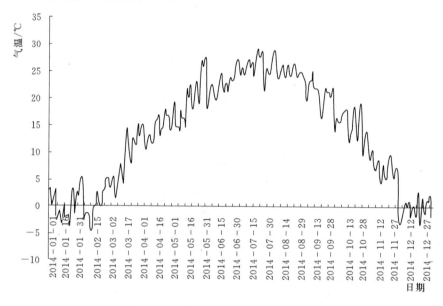

图 2.2　南村站 2014 年逐日气温折线图

2.2.2 降水

大沽河流域的降水具有以下时空分布规律：

（1）降水量在空间分布上极不均匀。就所在青岛地区而言，其趋势是自东南沿海向西北内陆递减，其中在大沽河流域其分布趋势是由南向北递减。

（2）降水年内分配不均。对南村站 1976—2001 年平均月降水量的统计分析（图 2.3）显示，汛期（6—9月）的降水量占全年降水量的 71.45%，其中 7—8 月的降水量占汛期降水量的 69%，由此可见，年内分配不均，经常出现季节性干旱是该区气象的一个主要特点。

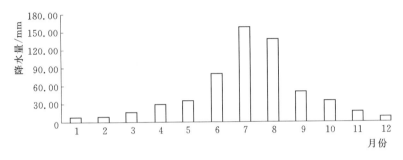

图 2.3 南村站 1976—2001 年平均月降水量分布图

（3）降水量年际变化大和枯水持续时间长。据南村站 1965—2001 年的降水量系列资料统计（图 2.4）显示，该区多年平均年降水量为 625.3mm，其中最大年降水量为 953.1mm（1975 年），是多年平均年降水量的 1.53 倍；最小年降水量仅为 317.2mm（1997 年），是多年平均年降水量的 50.7%，最大年降水量为最小年降水量的 3 倍。

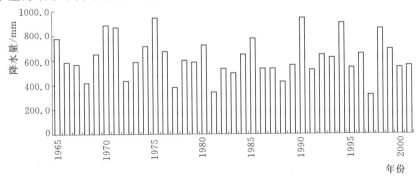

图 2.4 南村站 1965—2001 年降水量分布柱状图

2.2.3 蒸发

该区多年平均蒸发量为 983.86mm，是平均降水量的 1.57 倍。最小年蒸发量为 787mm（1990 年），最大年蒸发量为 1238.7mm（1978 年），各年蒸发量见南村站历年蒸发量分布图（图 2.5）。

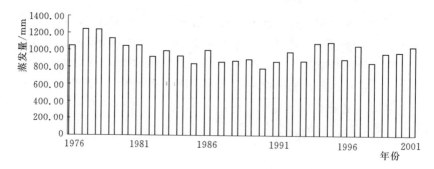

图 2.5　南村站历年蒸发量分布图

蒸发量年内分布也不均，11 月至次年 2 月蒸发量较小，在 60mm 以下，蒸发主要集中在 4—9 月，尤其是 5—9 月蒸发量最大，占总蒸发量的 48%，多年平均月蒸发量分布见南村站多年平均月蒸发统计图（图 2.6）。

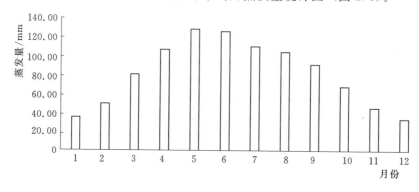

图 2.6　南村站多年平均月蒸发量统计图

2.3　水　　文

大沽河水系包括大沽河及其诸多支流（图 2.7），主要支流有小沽河、洙河、五沽河、南胶莱河及流浩河等。

2.3.1　主流

大沽河发源于烟台市招远县阜山，由北向南，于莱西市道子泊村北约 500m 处入境，流经莱西市、平度市、即墨市、胶州市和崂山区，于胶州市河西屯以南码头村入胶州湾。干流全长 179.9km，流域总面积 6131.3km^2（含南胶莱河 1500km^2），其中青岛市境内面积 4850.7km^2，是胶东半岛的最大河流。上游建有大型水库（产芝水库）一座，控制面积 879km^2，总库容 4.02 亿 m^3，兴利库容 1.76 亿 m^3，目前已成为青岛市区和莱西市城市供水的主要水源。

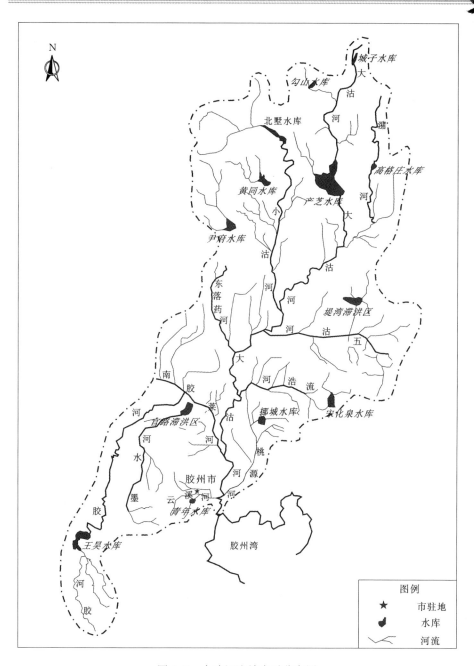

图 2.7 大沽河流域水系分布图

2.3.2 主要支流

（1）小沽河。源于莱州市马鞍山，于河里吴家乡孙家村西入莱西市，沿莱西和平度的交界南流，于平度营村入大沽河，干流全长 84km，流域面积 1028.2km²。

1970年，在其上游北墅村附近兴建了北墅水库。水库控制流域面积达301km²（大部分在市境外），总库容为 5720 万 m³，兴利库容 2237 万 m³，控制农田灌溉面积达 4.71 万亩。该库不仅是农业生产的水源，而且还是南墅石墨矿生产和生活的水源地。

小沽河有两条较大的支流，即黄同河和潴拱河，在两条支流上分别建有黄同水库和尹府水库。黄同水库的总库容 6027 万 m³，兴利库容 2450 万m³，主要为农田灌溉服务。尹府水库的总库容 16130 万 m³，兴利库容 7380万 m³。该库不仅是农业生产灌溉水源，而且还是青岛市区工业和生活供水水源。

（2）潴河。源于烟台市莱阳崤山东麓，流经莱阳、莱西 5 处乡镇（谭格庄、河头店、周格庄、水集、望城），纳七星河、草泊沟、马家河之水于望城镇辇子头村西北汇入大沽河，干流全长 50.68km，流域面积420.5km²。下游是莱西市城区工业废水和生活污水的直接排放区。1958年在莱西市高格庄村北兴建了高格庄水库，总库容 1270 万 m³，兴利库容783 万 m³。

（3）五沽河。源于莱西市众水村东，沿莱西市和即墨市交界，流向由东向西。纳龙化河、幸福河、狼埠沟之水于即墨市袁家庄汇入大沽河，干流全长33km。上游建有总库容 2800 万 m³ 的堤湾水库（1960 年竣工），该水库地质条件差，不能蓄水，现已改为滞洪区。

（4）南胶莱河。源于平度市姚家村分水岭南麓。该河曾在元朝初期为调运粮食与北胶莱河沟通，故历史上曾有"运粮河"之称。南胶莱河在北王珠镇刘家花园处流入胶州市，经店口乡沽河汇入大沽河，干流全长 30km，流域面积1500km²。主要支流有胶河、墨水河及清水河等。

（5）流浩河。源于即墨市灵山镇金家湾村北，横贯即墨市中部，由东而西至岔河南汇入大沽河，干流全长 36km，流域面积 400.8km²。上游建有宋化泉水库，总库容 2730 万 m³，兴利库容 1534 万 m³。该库地质条件差，渗漏严重，蓄水能力差。

（6）云溪河。源于胶州市城西庸村，贯穿胶州市城区，至沽河农场东部汇入大沽河，河道全长 19km，流域面积 100.2km²。胶州市城区的工业污水和生活废水均排入云溪河，并经大沽河注入胶州湾。

大沽河流域水资源丰富，多年平均河川径流量为 6.311 亿 m³，现已建成中型水库 8 座（表 2.1），小型水库 90 座，塘坝拦河闸 1223 座，地表总拦蓄能力达 4.143 亿 m³。

表 2.1　　　　　　　　　　大沽河流域水库一览表

名称	建成时间	所在河道	流域面积 /km²	总库容 /万 m³	兴利库容		死库容	
					库容/万 m³	水位/m	库容/万 m³	水位/m
产芝	1959 年 9 月	大沽河	879.0	40200	17600	71.50	800.0	63.00
尹府	1960 年 6 月	潴拱河	178.0	16130	7380	79.50	72.0	71.70
宋化泉	1960 年 8 月	流浩河	42.7	2730	1534	42.39	120.0	38.44
挪城	1960 年 8 月	桃源河	30.0	1225	695	15.50	60.0	11.41
堤湾	1960 年	五沽河	73.5	2800	400	36.00	60.0	11.41
高格庄	1959 年	潴河	125.0	4270	783	83.35	17.0	77.07
北墅	1974 年 4 月	小沽河	301.0	5720	2237	112.00	23.0	100.00
黄同	1959 年 6 月	黄桐河	126.0	6027	2150	86.50	140.0	78.08

2.4　地　形　与　地　貌

　　大沽河流域在地貌单元中属于鲁东低丘陵区的一部分。地形变化的总趋势是北高南低。古舰以北为构造剥蚀低山丘陵地形，主要由花岗岩和变质岩组成，地形标高一般为 50～200m，大泽山主峰高 736.7m，是区内最高点。古岘以南为构造剥蚀平原，主要由碎屑岩和火山岩组成，是胶莱盆地的组成部分，地形起伏平缓，标高一般为 20～50m，沿大沽河中下游河床两侧为河谷冲积平原，由北向南呈不规则的带状分布。古岘—店埠以南河谷平原开阔，地形平坦，地形标高一般 4～40m，微向南倾斜，坡降 2‰～0.7‰。

　　大沽河流域北部为山区和浅山丘陵区，南部为山麓平原和平原洼地，地势北高南低，地形坡度由北向南逐渐变缓。流域内山区 527.6km²，丘陵区 1597.4km²，平原区 1705.1km²，洼地 801.2km²，分别占流域面积的 11.4%、34.5%、36.8%和 17.3%。沉积地貌和大山地貌分别占流域的 4/5 和 1/5。在山区、丘陵及平原 3 个地貌单元中，山区相对高程 200.00～300.00m 及以上，多为震旦纪变质岩，节理发育，峰顶多尖锐，山陡坡，表层风化颇烈，植被较差；丘陵相对高程 50.00～200.00m，顶部平圆，覆盖层较差，冲沟发育，基岩风化剧烈；平原相对高程在 50.00m 以下，分布在中下游一带，地势平坦，由第四纪地层组成。土层颇厚，有少数侵蚀台地。

2.5　地　　　质

　　在地质构造上，大沽河流域属于中朝准地台，鲁东迭台隆中部，跨胶北台拱和胶莱中台陷两个三级构造单元，北部胶北台拱出露地层为太古界—元古界胶东群及元古界粉子山群。前者以黑云斜长片麻岩、黑云变粒岩、斜长角闪岩及变粒岩等为主，后者主要岩性为黑云片岩、片麻岩、黑云变粒岩、不纯大理岩及长石石英岩等。经多期构造变动，古老变质岩系褶皱强烈。燕山运动在本区表现出强烈的活动性，其特点是断裂构造极为发育，并伴有强烈的火山喷溢和酸性岩浆岩侵入。胶莱坳陷即是燕山运动的产物。在拗陷带内沉积了巨厚的白至系青山群、王氏群。前者主要岩性为凝灰质砂、砾砂、长石砂岩夹粉砂质页岩、安山岩、玄武岩及火山碎屑岩等，分布不多，一般多靠近粉子山群；后者以砂岩、粉砂岩、粉砂质黏土岩为主，局部夹安山岩或玄武岩，出露广泛，占据大沽河流域中下游的大部分地区。由于褶皱构造不强烈，青山群和王氏群呈现平缓开阔的褶曲，走向北西，倾向南西，倾角 10°～25°。

进入新生代以后，该地区地壳活动的特点是在总体上升的同时，局部地区相对坳陷，在山前及河谷平原沉积了第四系松散堆积物。由于坳陷幅度不大，第四系松散堆积物的厚度较薄。第四系沉积物的成因类型比较齐全，但主要的、最有意义的是冲积和冲洪积层。冲积和冲洪积层主要发育地段在大、小沽河的中下游，其分布受古河谷形态的严格控制，一般宽度 5～7km，最宽处在10km 以上。厚度一般在 10～20m，多为双层结构，上层为黏质砂土或砂质黏土，下层为砂及沙砾石层，河谷边缘常有坡积物楔入，土层增多变厚，结构趋于复杂。海积层分部在大沽河入海口附近，岩性为淤泥或淤泥质砂，覆盖在冲积砂层之上，或夹在冲积层之中。

2.6　水　文　地　质

大沽河流域地下水类型可分为山丘基岩裂隙水和平原第四系松散岩类孔隙水两大类。

2.6.1　基岩裂隙水

基岩裂隙水，包括花岗岩类、变质岩类裂隙水、碎屑岩类孔隙-裂隙水、火山岩孔洞-裂隙水。大气降水是其主要补给来源。有时甚至是唯一的补给源。

在花岗岩类、变质岩类裂隙水分布区，大气降水几乎是地下水的唯一的补给来源。但因山高坡陡和裂隙不甚发育，不利于降水的入渗，降水主要以地表径流形式流渗入海。少量入渗到地下的降水，沿构造和风化裂隙以下降泉或地下径流的形式很快向附近沟谷排泄，山区河流沟溪成为汇集和排泄基岩地下水的通道。由于地下水在浅部裂隙中的交替循环强烈，水质良好，水化学类型一般为重碳酸钙型水，矿化度小于 0.3g/L。

碎屑岩孔隙-裂隙水和火山岩孔洞-裂隙水，所处地貌单元为低丘和剥蚀堆积平原，地形平缓或波状起伏，植被较好，有利于降水入渗，其渗入补给量取决于裂隙发育程度。地下水流向与地形及水系近于一致，自岭岗向沟坞运动，因地形坡度较小，地下径流相对比较缓慢，地下水的排泄方式主要以地下潜流或下降泉排入第四系含水层或流出地表。低洼地带地下水埋深浅，径流滞缓，蒸发消耗成为主要排泄方式。近年来人工开采量增大，在地下水的排泄量中占有愈来愈大的比重。地下水动态也随季节而变化，但幅度较小。

总之，基岩裂隙水表现为大气降水补给、浅部循环、短距离径流排泄的潜水水力特征。

2.6.2 第四系孔隙水

第四系孔隙水主要分布于河谷冲积平原及山前平原，含水层主要为砂砾石，粗中砂等，厚度一般 5～20m 不等。自现代河谷向两侧边缘含水砂层由单层结构向双层结构演变，地下水类型由潜水型向微承压型过渡，水化学类型多为重碳酸钙钠、重碳酸钙镁、重碳酸钙型水，地下水矿化度一般为 0.5～0.9g/L。

（1）含水层岩性分区，根据不同颗粒成分的砂及沙砾石层的组合，大致划分为以下 4 个分布区。

1）粗砂、中粗砂为主，中砂、粗中砂含砾石为辅的主分布区。主要沿大沽河、小沽河古河道主流带分布，占全部含水层总面积的 49.18%。该区颗粒较粗，厚度较大，补给条件较好，透水性和富水性较强。渗透系数 K 均在 150m/d 以上，单井涌水量大于 20m³/(h·m)。

2）粗中砂为主，中粗砂、中砂含砾石为辅的分布区。主要分布在上述主分布区的两侧，呈狭窄带状，如朴木—袁家庄、冷戈庄、仁兆以西—五道口—南村—李哥庄、古城—上泊—徐家沟等。宽度一般为 1000～1500m，最宽不超过 2200m。此外在腾戈庄和大桑园一带，主分布区内部也有小面积片状分布。与主分布区相比，该区颗粒较细，厚度较薄，透水性和富水性也较弱。渗透系数 K 为 100～150m/d，单井涌水量一般为 10～20m³/(h·m)。

3）以中砂为主，粗中砂、细砂为辅的分布区主要分布在古河道边缘地带，如李道村—览西、古西—孙家汇、移风、何营庄及蓝村—魏家屯等地段，呈不连续的带状和片状分布。该区砂层颗粒较细，厚度较薄，透水性和富水性均较弱。渗透系数 K 为 50～100m/d，单井涌水量一般小于 10m³/(h·m)，个别大于 10m³/(h·m)。

4）以中细砂为主，中砂、细砂为辅的分布区在河谷边缘零星分布。砂层薄，一般小于 2m，颗粒细，透水性和富水性差。渗透系数 K 小于 50m/d，

单井涌水量均小于 $10m^3/(h \cdot m)$。

地下水主要由降水入渗、河道渗漏、基岩山区侧渗补给等，沿地形倾斜方式径流，主要通过潜水蒸发、直接径流入海等方式排泄。近10余年来，由于大量开采地下水，人工开采成为地下水新的排泄方式。

（2）第四系孔隙水主要表现以下水文地质特征。

1）第四系孔隙水主要含水层为第四系冲积冲洪积的砂石、砾石层，分别在现代河床两侧的古河道带内，面积大，埋藏浅，补给条件好，富水性强。其次为冲积-海积砂层及残坡积、坡洪积中的薄砂夹层、碎石姜石层等。冲积海积砂层富水性亦较好，但水质差。而坡洪积层富水性差，难以形成有供水意义的富水区。

2）冲积、冲洪积含水层多为双层结构，上部为黏性土，下部为各种粒状的砂、砂砾。河床地带往往上部黏性土被河床切穿使现代河床砂层与下部含水砂层直接接触，而成为单层结构。地下水从整体上讲属潜水类型，但具双层结构的部位，丰水年水位高于上部盖层，多呈微承压特点。

3）含水砂层埋藏浅，易接受降水和地表径流补给，现代河床地带由于"天窗"发育的单层结构带的大量存在，使河水与地下水往往形成同一体，"三水"转化十分明显，具有易采、易补的特点，地下径流条件较好，水质优良。

大气降水直接渗透是地下水的主要补给来源，人工开采和蒸发（包括蒸腾）则是地下水的主要消耗途径。因此，垂直方向的运动成为大沽河地下水的重要运动形式。地下水的动态变化规律表现为年内季节性和年际间周期性。但由于对地下水的需求量不断增加，地下水的水位总趋势是趋于下降。

从年内地下水的水位变化过程来看，每年春季到夏初，由于降水稀少和春灌大量用水，地下水位大幅度下降，到6月底或7月初降到最低点，7月进入夏季，大量降雨的入渗使地下水位迅速回升，8—9月水位达最高点，秋季因降水减少和秋灌，地下水位又开始下降，12月至次年2月，由于停止采水和少量雨雪的补给，地下水位相对稳定。地下水位平均年变幅一般为2~3m。

从多年动态变化来看，决定于水文气象的周期变化，主要受降水和人工开采的影响。在丰水年雨量充沛，入渗量大而开采量小，地下水位抬升；而枯水年降水量少，开采量和蒸发量增大，所以地下水位降低。丰水年地下水位的平均埋深一般为2m左右，下游李哥庄、蓝村一带会出现内涝。枯水年的地下水位平均埋深可达4m以上。

2.7 土 壤 植 被

大沽河流域土壤主要有棕壤、砂姜黑土、潮土、褐土、盐土等5个土类。

（1）棕壤。它是分布最广、面积最大的土壤类型，主要分布在山地丘陵及山前平原，土壤发育程度受地形部位影响，由高到低依次分为棕壤性土、棕壤、潮棕壤等 3 个土属，棕壤性土因地形部位高、坡度大、土层薄、侵蚀重、肥力低，多为林业、牧业用。棕壤和潮棕壤是主要粮食经济作物种植土壤。

（2）砂姜黑土。主要分布在莱西南部、即墨西北部、胶州北部浅平洼地上。该类土壤土层深厚，土质偏黏，表土轻壤至重壤，物理性状较差，水气热状况不够协调，速效养分低。

（3）潮土。主要分布在大沽河、五沽河、胶莱河下游的沿河平地。因距河道远近不同，土壤质地、土体构型差异较大。近海地带常受海盐影响形成盐化潮土，土壤肥力和利用方向差异较大。

（4）褐土。零星分布在平度、莱西的石灰岩残丘中上部。

（5）盐土。分布在滨海低地和滨海滩地。

2.8　社会经济概况

根据调查统计，大沽河流域现有 61 个镇（街道办事处），2012 年总人口为 455.74 万人，其中城镇人口 205.30 万人，农村人口 250.44 万人。流域内各市区人口分布见表 2.2。

表 2.2　　　　　　　2012 年大沽河流域各市区人口统计表　　　　单位：万人

地　　市		总人口	其中城镇人口
青岛市	莱西市	72.01	38.96
	平度市	5.30	2.17
	即墨市	238.63	107.38
	胶州市	67.30	30.29
	黄岛区	2.22	0.91
	城阳区	3.07	1.26
	小计	388.54	180.97
潍坊市		13.44	4.96
烟台市		53.76	19.37
合　计		455.74	205.30

根据《青岛市统计年鉴 2013》《潍坊市统计年鉴 2013》《烟台市统计年鉴 2013》《青岛市国民经济和社会发展统计公报》《2012 年青岛市国民经济和社会发展统计公报》《2012 年潍坊市国民经济和社会发展统计公报》《2012 年烟台市国民经济和社会发展统计公报》等资料，大沽河流域 2012 年国民生产总

值（GDP）为 2614.99 亿元，工业总产值 676.39 亿元，见表 2.3。

表 2.3　　　　　　　　　大沽河流域工业总产值　　　　　　单位：亿元

地　市		GDP	工业增加值
青岛市	莱西市	529.88	220.70
	平度市	278.70	44.41
	即墨市	376.69	178.23
	胶州市	539.15	75.50
	黄岛区	132.04	3.66
	城阳区	320.28	5.05
	小计	2176.75	527.56
潍坊市		81.12	29.77
烟台市		357.13	119.07
合计		2614.99	676.39

　　2012 年大沽河流域有效灌溉面积约为 285.26 万亩，其中高效节水灌溉面积 53.37 万亩，园林草地有效灌溉面积 22.14 万亩；实灌面积约为 265.91 万亩，园林草地实际灌溉面积约为 18.43 万亩，见表 2.4。

表 2.4　　　　大沽河流域各市（区）有效灌溉面积和实灌面积统计表　　　单位：万亩

地市		耕地有效灌溉面积	园林草地等有效灌溉面积	耕地实际灌溉面积	园林草地等实际灌溉面积
青岛市	莱西市	72.72	9.22	67.28	8.07
	平度市	69.55	2.59	68.09	2.58
	即墨市	34.72	1.23	28.78	0.95
	胶州市	41.32	3.61	39.39	2.39
	黄岛区	1.76	0.26	1.63	0.16
	城阳区	2.43	0.36	2.24	0.23
	小计	222.50	17.27	207.41	14.38
潍坊市		12.55	0.97	11.70	0.81
烟台市		50.21	3.90	46.80	3.24
合计		285.26	22.14	265.91	18.43

2.9　水环境状况

　　根据《青岛市水质年鉴》（2012 年），采用单参数评价方法以《地表水环境质量标准》（GB 3838—2002）为评价标准，对大沽河流域主要监测站点的各项水质参数进行逐一评价，评价结果为：5 月水质只有 1 个河段符合 I 类水质标准，8 个河段符合 III 类水质标准，6 个河段为 IV 类水，5 个河段水质为 V 类水，10 个河段水质为劣 V 类，6 个河段河道断流；8 月水质无河段符合 I 类水质标准，4 个河段符合 II 类水质标准，11 个河段符合 III 类水质标准，9 个河段为 IV 类水，3 个河段水质为 V 类，6 个河段水质为劣 V 类，3 个河段河道断流。

2012 年大沽河流域的地下水水质监测井共 88 处。在监测的 88 处监测井中，单因子指数法评价结果为：符合 II 类水质标准的观测井有 3 个，占评价总数的 3.4%；符合 III 类水质标准的观测井有 29 个，占评价总数的 33.0%；符合 IV 类水质标准的观测井有 19 个，占评价总数的 21.6%；符合 V 类水质标准的观测井有 37 个，占评价总数的 42.0%。地下水污染较为普遍，污染地下水的主要组分是硝酸盐氮、总硬度、溶解性总固体、亚硝酸盐氮以及氟化物等。其中硝酸盐氮超标率达 50% 左右，居各污染物之首。

第3章 大沽河流域蒸散发遥感反演

胶东半岛大沽河流域地表水资源较为丰富，但是分布并不均匀，而且也存在不同程度的缺水情况，水资源承载力出现轻度超载现象，不利于整个流域内经济社会的可持续发展（徐桂民、刘青勇等，2012）。因此，准确估算大沽河流域的蒸散发，充分了解大沽河流域地表的能量和水分状况，对于该区域水资源的合理开发与利用具有重要的现实意义。

如前所述，目前用于区域蒸散发遥感估算的方法主要分为经验统计模型、与传统方法相结合的遥感模型、地表能量平衡模型、温度-植被指数特征空间法、陆面过程与数据同化等。基于蒸散发估算方法的分析，大沽河流域蒸散量估算采用地表能量平衡模型法，与其他方法相比，该类方法精度高，具普适性，推广价值高，SEBAL 模型便是该方法的典型代表。本书采用 SEBAL 蒸散模型进行大沽河流域蒸散量的估算。

3.1 基于 SEBAL 模型的蒸散发反演原理

SEBAL 模型是由荷兰学者 Bastiaanssen 开发的基于遥感的蒸散反演模型。它具有较好的物理基础，输入数据较少，反演精度较高，可以满足区域蒸散研究的需要。模型的理论基础是地表能量平衡方程

$$\lambda ET = R_n - G - H \tag{3.1}$$

式中：R_n 为净辐射量，W/m²；G 为土壤热通量，W/m²；H 为土壤与大气之间的显热通量，W/m²；λ 为水的汽化潜热，W/(m² · mm)；ET 为蒸散量，mm；λET 为潜热通量，W/m²。

SEBAL 模型首先利用地表温度、植被指数、地表反照率等参数和常规气象资料反演得到净辐射量、土壤热通量和显热通量，再根据能量平衡方程求得潜热通量，最后利用蒸发比恒定法求得日蒸散量。模型计算的核心是显热通量的计算，通过寻找图像上的干湿点，估算像元尺度上的蒸散发。该模型已经应用于 30 多个国家，可用于估算不同气候条件下田间或流域尺度的蒸散量，但该模型也存在一些不足，例如干湿点的确定具有明显的主观性，易受到地表温度异常点的影响，给反演结果带来一定误差。

（1）地表能量平衡各分量。

1）净辐射量 R_n 又称辐射平衡或辐射差额，一般指地表净得的短波辐射与长波辐射之和，是地表能量、水分输送与交换过程中的主要能量来源，其表达式为

$$R_n = (1-\alpha)R_S\downarrow + R_L\downarrow - R_L\uparrow - (1-\varepsilon_0)R_L\downarrow \qquad (3.2)$$

$$R_S\downarrow = G_{SC}\cos\theta d_r\tau_{sw} \qquad (3.3)$$

$$R_L\downarrow = \varepsilon_a\sigma T_a^4 \qquad (3.4)$$

$$R_L\uparrow = \varepsilon_0\sigma T_S^4 \qquad (3.5)$$

$$\varepsilon_a = 1.08(-\ln\tau_{sw})^{0.265} \qquad (3.6)$$

$$\varepsilon_0 = 1.009 + 0.047\ln(NDVI) \qquad (3.7)$$

式中：$R_S\downarrow$ 为入射到地表的太阳短波辐射；$R_L\downarrow$ 为入射长波辐射；$R_L\uparrow$ 为反射长波辐射；α 为地表反照率；ε_0 为地表比辐射率；G_{SC} 为太阳常数，取 1367W/m^2；θ 为太阳天顶角；d_r 为日地距离单位；τ_{sw} 为大气单向透射率；ε_a 为大气比辐射率；σ 为 Stefan - Boltzmann 常数；T_a 为气温，K；T_S 为地表温度，K；$NDVI$ 为归一化植被指数。

2）土壤热通量 G 为土壤表面与下层土壤间单位时间内通过单位截面的热量。土壤热通量无法直接用遥感方法计算，一般通过 G 与 T_S、α、R_n、$NDVI$ 的统计关系求得

$$G = \frac{T_S - 273.16}{\alpha}(0.0038\alpha + 0.0074\alpha^2)(1 - 0.98NDVI^4)R_n \qquad (3.8)$$

3）感热通量 H，也称显热通量，是指由于传导和对流作用而散失到大气中的那部分能量。其计算公式为

$$H = \rho C_P \mathrm{d}T/r_{ah} \qquad (3.9)$$

式中：ρ 为空气密度，kg/m^3；C_P 为空气定压比热；$\mathrm{d}T$ 为两个不同高度处的温差，分别取 0.01m 和 2m；r_{ah} 为空气动力学阻抗，s/m。

SEBAL 模型假定研究区域内存在冷点和热点，且 $\mathrm{d}T$ 与地表温度 T_S 之间存在线性关系 $\mathrm{d}T = aT_S + b$。计算 a 和 b 需要选取两个极端像元"冷点"和"热点"，冷点是指那些地表温度很低，处于潜在蒸散水平的像元，其显热通量近似为 0；热点是指那些地表温度很高，蒸散几乎为零的像元，其潜热通量近似为 0，显热通量达到最大值。系数 a 和 b 确定后，根据地表温度 T_S 即可求得基于像元的 $\mathrm{d}T$ 值。

4）潜热通量 λET

$$\lambda ET = R_n - G - H \qquad (3.10)$$

（2）模型的时间尺度扩展——日蒸散量（ET_d）计算。通过地表能量平衡方程可以计算出卫星过境时的瞬时潜热通量 λET，由此而得到的蒸散量为瞬时值，没有实际应用价值。研究表明，蒸发比在一天当中基本保持稳定。研究

中日蒸散量采用蒸发比恒定法计算，由此引入无量纲的蒸发比 Λ 的概念。气象研究的相关结果表明，蒸发比在一天中基本保持不变。因此，通过蒸发比恒定法可以外推日蒸散量。蒸发比采用如下公式计算

$$\Lambda_d = \Lambda = \frac{R_n - G - H}{R_n - G} \tag{3.11}$$

$$ET_d = \frac{86400 \Lambda_d R_{n,24h}}{\lambda} \tag{3.12}$$

式中：Λ_d 为日蒸发比；$R_{n,24h}$ 为日净辐射量；ET_d 为日蒸散量，mm/d。

（3）月蒸散量（ET_m）计算。利用 SEBAL 模型计算出日蒸散量，并将所有象元蒸散量值的平均值作为大沽河流域的日蒸散量。由于水汽吸收和云覆盖等因素的影响，1 个月中可用于计算蒸散量的有效卫星数据较少，难以直接累计求得每个月的蒸散量。但是，不同下垫面的遥感蒸散量计算值与对应气象站蒸发皿观测的水面蒸发数据是成正比的，研究假定这个比例是一个常数，这样就可以通过气象站实测水面蒸发资料，结合计算出的日蒸散量推算月蒸散量，即以气象站实测的日蒸发数据变化规律，来推算大沽河流域的月蒸散量转化公式为

$$ET_m = \sum_{i=1}^{30} \frac{ET_{SEBAL}}{ET_{气象站}} ET_i \tag{3.13}$$

式中：ET_m 为月蒸散量；i 为 1—30 日的序号（随每月天数而定）；ET_{SEBAL} 为模型反演蒸散量值；$ET_{气象站}$ 为当日气象站实测值；ET_i 为第 i 日气象站实测蒸发量。

3.2　大沽河流域年内蒸散量反演及变化研究

3.2.1　数据资料

蒸散发反演利用的数据资料如下：

（1）2013 年晴空无云或云量较少的典型日 MODIS 地表温度产品（MOD11A1），日期分别为 1 月 5 日、2 月 2 日、3 月 8 日、4 月 9 日、5 月 4 日、6 月 13 日、7 月 24 日、8 月 19 日、9 月 17 日、10 月 4 日、11 月 7 日、12 月 2 日。

（2）16d 地表反照率产品（MCD43B3），分辨率为 1000m。

（3）16d 植被指数产品（MOD13A2），分辨率为 1000m。

（4）2013 年逐日气象数据。包括高程、气温、风速等。

（5）大沽河流域土地利用数据。利用 Landsat-8 遥感数据，解译获取大沽河流域土地利用信息，并将大沽河流域的土地覆盖类型划分为耕地、林地、城镇及建筑用地、水体、未利用土地五大类。

3.2.2 结果与验证

（1）验证与分析。为了验证 SEBAL 模型反演大沽河流域日蒸散量结果的可信度，将研究区内各气象台站测得的蒸发量进行相应计算得到实际的蒸散量，以其作为真值，将反演结果与蒸散量实测值进行对比，对比结果见图 3.1。根据比较分析，总体来说，经过 SEBAL 模型估算的日蒸散量均值与实测的日蒸散量均值结果较为相近，平均绝对误差（MAE）为 0.733mm，均方根误差（RMSE）为 1.0078mm。图 3.2 为蒸散量估算值与实测值之间的散点图，拟合优度 R^2 为 0.8988。

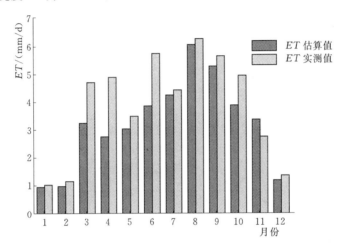

图 3.1 遥感估算日蒸散量与气象台实测值对比

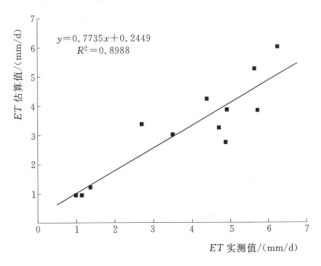

图 3.2 ET 估算值与实测值的散点图

通过上述对比结果，可以验证模型反演的正确性，因此可将 SEBAL 模型应用于大沽河流域的蒸散量研究中。利用遥感方法估算出来的日蒸散量和实测数据之间难免存在一定的误差，3 月和 6 月误差相对稍大。造成误差的原因可能是模型在用瞬时蒸散量推算日蒸散量的过程中，采用的是蒸散比率不变法，此方法的基本假设是能量通量的分配在 24h 内服从相同的比例，而实际上能量通量的分配并不为一个固定的数值。如果有外界热量平流输入的影响，如风速和云的变化，则会破坏这种稳定的状态，使能量构成比例发生变化。此外，虽然选取的 MODIS 数据产品都经过严格筛选，数据质量较好，但少量地区仍然会受到云覆盖等因素的影响，导致反演蒸散量时会有较小比例的无值区，给反演结果带来一定误差。

（2）日蒸散量空间分布。选取大沽河流域 2013 年数据质量较好的 12 幅影像数据进行蒸散量的反演，当日蒸散量（mm）分布情况见图 3.3。

从蒸散量的时间分布上来看，大沽河流域在冬季蒸散量最少，12 月、1月、2 月日蒸散均值分别在 1.2mm、0.95mm、0.97mm。春季蒸散量次之，日蒸散量均在 3mm 左右。夏秋两季蒸散量最多，日均蒸散量均超过 3mm，在 8 月达到峰值，日蒸散量达到了 6.02mm。

从蒸散量的空间分布上来看，流域主要的植被覆盖类型为耕地，面积约为 4761km^2，占整个流域面积的 77.5%；其次为城镇及建筑用地，占整个流域面积的 13.1%；林地占流域面积的 6.8%，水体占流域面积的 2.1%，未利用土地占流域面积的 0.5%。在枯水期，由于地表土壤水分含量较低，流域总体蒸散量较小，流域东部及西南部部分地区蒸散量较小。在丰水期，由于降水较多和植被覆盖状况良好，流域整体蒸散量较高，且流域北部以林地为主，蒸散量高于其他地区。在全年中，胶州市所处地段日蒸散量相对较高，这主要是由于胶州市以耕地为主，植被覆盖率占总面积的 71%，且境内包含大沽河、胶莱河、洋河等骨干河流。河流周围冲积平原和涝洼地区分布着大量湿生植被，南部丘陵区则分布着梯田等旱生植被。植被和水体所占较大比例决定了胶州地区具有相对较高的蒸散量。在 1 年内的各个月中，各土地利用类型的平均蒸散量之间的大小关系不完全是固定不变的，对于同一个月的不同土地利用类型，其平均蒸散量也不相同。以 2013 年 7 月 24 日的反演结果为例，研究大沽河流域不同土地利用类型日蒸散量的大小关系。水体的平均蒸散量最大，为 4.71mm，林地蒸散量仅次于水体，为 4.61mm，主要分布在流域北部的林地区。城镇及建筑用地蒸散量最小，为 4.15mm。该结果符合地物蒸散的一般规律。研究区各种土地覆盖类型的日蒸散量的统计特征见表 3.1。

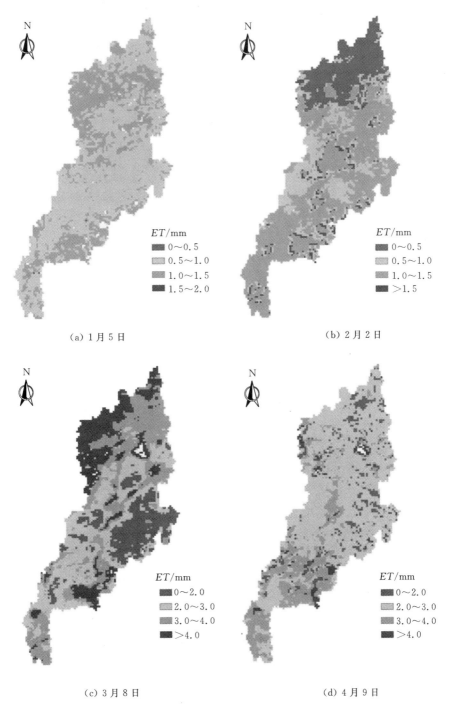

（a）1月5日　　　　　　　　　　　　　（b）2月2日

（c）3月8日　　　　　　　　　　　　　（d）4月9日

图 3.3（一）　2013 年大沽河流域日蒸散量遥感估算图

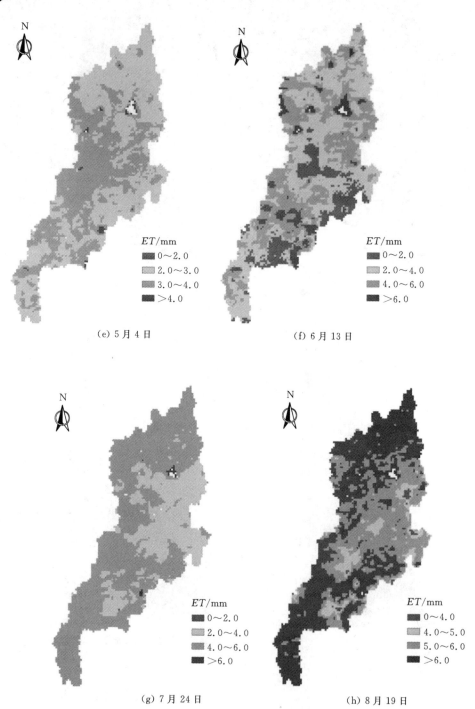

图 3.3（二）　2013 年大沽河流域日蒸散量遥感估算图

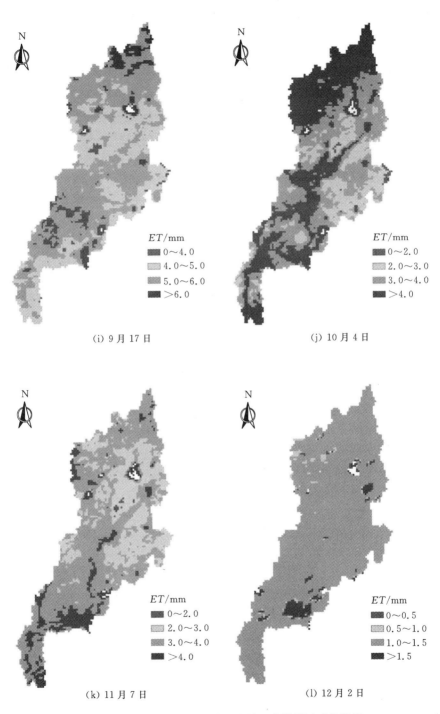

图 3.3（三） 2013 年大沽河流域日蒸散量遥感估算图

表 3.1　　　　　大沽河流域各类土地利用类型日蒸散量遥感估算结果　　单位：mm

土地利用类型	耕地	林地	城镇及建筑用地	水体	未利用土地
最小值	0.33	1.47	2.73	3.33	3.40
最大值	7.07	5.67	6.74	7.23	5.56
均值	4.20	4.61	4.15	4.71	4.36

　　（3）年内蒸散量及变化规律。图 3.4 为大沽河流域 2013 年内逐月的蒸散量变化曲线图。1 月、2 月气温较低，蒸发能力较弱，且土壤含水量低，耕地多处于裸土状态，因而流域蒸散量为一年当中的最低值，月均蒸散量分别为20.01mm、22.83mm；4 月、5 月为多种农作物生长期，土壤供水充足，蒸发旺盛，地表蒸散量明显增加，月均蒸散量分别为 69.40mm、70.01mm；蒸发量最大值出现在 8 月，夏季降雨较多，热量条件充足，蒸发强烈，月均值达到了 141.62mm。从 10 月以后，随着农作物的收获、植被的枯萎凋落等原因，流域蒸散量逐步降低，到 12 月蒸散量降低至 30.34mm。

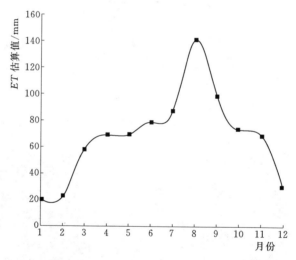

图 3.4　2013 年大沽河流域逐月遥感估算蒸散量曲线图

　　以 3—5 月的蒸发量作为春季蒸散量，6—8 月的蒸散量作为夏季蒸散量，9—11 月的蒸散量作为秋季蒸散量，12 月至次年 2 月的蒸散量作为冬季蒸散量，则大沽河流域各季的蒸散量的大小关系柱状图见图 3.5。从图 3.5 中可以看出大沽河流域蒸散量年内变化基本符合如下规律：夏季大于秋季大于春季大于冬季。蒸发量最大值出现在夏季，总蒸散量达到 308.85mm；其次为春季和秋季，各季度蒸散量分别为 197.98mm、241.64mm；蒸发量最小值出现在冬季，总蒸散量仅为 72.88mm。这是由于冬季太阳辐射时间最短，夏季太阳辐射时间最长，且夏季植被生长旺盛，气温较高，因此日蒸散量在冬季较低，在夏季较高。该结果较好地体现出了流域的自然气候条件特征和地表蒸散的一般规律。

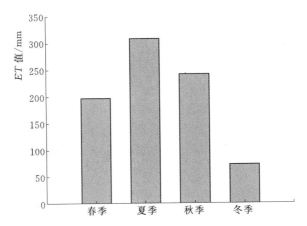

图 3.5　2013 年大沽河流域各季度遥感估算蒸散量柱状图

3.2.3　结论与分析

（1）以 Bastiaanssen 于 1998 年提出的 SEBAL 模型为基础，利用 MODIS 影像数据产品，结合流域气象数据对大沽河流域 2013 年的蒸散量进行估算，并与气象台站实测数据进行了对比，发现蒸散量估算值与实测值的变化趋势基本一致，结果显示实测值与计算值的平均绝对误差（MAE）为 0.733mm，均方根误差（RMSE）为 1.0078mm，证实了 SEBAL 模型在大沽河流域的蒸散量研究中具有一定的适用性。

（2）从大沽河流域 2013 年逐月的蒸散量结果可以看出，四季典型蒸散量的年内分布均体现出大沽河流域自然气候条件特征，存在明显的季节变化规律：夏季最大，春秋次之，冬季最小。冬季蒸散量相对较少，12 月、1 月、2 月的月均蒸散量分别为 30.34mm、20.01mm、22.83mm。春季和秋季次之，夏季蒸散量最多，在 8 月达到峰值，月蒸散量达到 141.62mm。在空间分布上，蒸发量区域变化幅度不算明显，但相比之下流域东部蒸散值偏小。在整个 1 年内的各个月中，各土地利用类型的平均蒸散量之间的大小关系不完全是固定不变的，对于同一个月的不同土地利用类型，其平均蒸散量也不相同。总体而言，水体蒸散量最大，其次是林地和耕地，城镇及建筑用地蒸散量最小。

（3）利用遥感方法估算区域蒸散量具有大范围、同步测量、时效性、经济性等特点，大量研究表明，遥感技术在区域蒸散发的估算中具有其他手段无可比拟的优势，尤其在反映蒸散发空间分布上具有独特优越性。然而，到目前为止区域蒸散发的遥感估算还存在很多不确定性，在一定程度上影响了模型精度。首先，区域蒸散发的遥感估算模型涉及大量有关下垫面物理特征（如表反照率、植被覆盖度、地表温度、净辐射等）的参数，由于云、大气、太阳角、观测视角等外部因素的影响，遥感数据的有效性受到一定限制，加上地表参数反演误差的累积效应等，导致区域蒸散发遥感估算精度不高。其次，现有模型需要近地层参考高度处的气温、风速等非遥感参数的支持，但这些参数是遥感手段较难获取的，大多依据气象站等的观测值进行内插，而内插过程则会带来较大误差。第三，在非均匀下垫面条件下的陆面过程具有复杂性和时空变化，不同遥感蒸散发模型有不同的适用条件及范围，即使是相同模型应用于不同区域其误差结果也会存在不同程度的差异。在区域蒸散发估算中考虑不同模型的优缺点及适用条件，有助于提高遥感蒸散发估算结果在区域（流域）水资源研究中的适用性。最后，利用遥感反演的蒸散量涉及尺度扩展的问题，由于遥感获取的是瞬时值，为获得长时间尺度（日、旬、月、季、年等）的信息，需要进行时间尺度扩展，但天气所造成的影响如阴雨天及风速变化大时会导致尺度扩展效果并不理想，如何将瞬时值进行很好的时空尺度扩展，也将是遥感研究的重点。

（4）快速精确地估算大沽河流域的蒸散量，总结蒸散量的时空变化规律，对大沽河流域水资源的高效利用具有重要的意义。通过基于能量平衡方程的SEBAL模型反演大沽河流域蒸散量时，由于模型中一些参数的获取难度较大，必须采用一些简化和近似的处理，这些处理难免会带来一些误差。此外，虽然选取的MODIS数据产品都经过严格筛选，数据质量较好，但仍然避免不了MODIS数据产品会出现不同程度的云区覆盖的问题，导致蒸散量估算值的空间分布图中存在较少部分面积比例的无值区，给反演结果带来一定误差。虽然存在一定误差的影响，但是2013年大沽河流域蒸散量估算值与年内变化趋势均与实测数据具有良好的一致性。

3.3　大沽河流域蒸散量年际变化规律研究

为了更加深入地了解大沽河流域蒸散发的变化规律和时空变化格局，研究分析了大沽河流域近10年间年蒸散量的变化趋势及逐月蒸散量的变化规律。2011年美国NASA研究团队在MODIS遥感数据蒸散反演算法上取得了重要成果，并通过NASA地球观测系统发布了全球MODIS陆地蒸散产品数据（MOD16），该产品不仅提供了地表蒸散量的特征参数，还具有高时间分辨率以及免费获取等特点，因此利用MOD16产品来反映大沽河流域地表蒸散量的时空分布及变化规律具有一定的优势。研究以1000m空间分辨率的MOD16

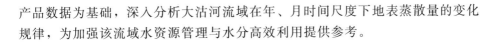

产品数据为基础，深入分析大沽河流域在年、月时间尺度下地表蒸散量的变化规律，为加强该流域水资源管理与水分高效利用提供参考。

3.3.1 数据资料

数据来源于全球地表蒸散产品（MOD16）。根据 MOD16 产品数据轨道号的排列规律及大沽河流域所在地理位置，选择的卫星轨道号为 h27v05，包括大沽河流域内 2005—2014 年共 10 年的月合成蒸散产品，空间分辨率为 1000m。

3.3.2 数据处理方法

原始的 MODIS 产品是采用分级数据格式（hierarchical data format，HDF）正弦曲线投影存储的，因此首先需要利用 NASA 提供的 MRT 软件，将 MOD16 - ET 产品的 HDF 文件转换为 WGS - 1984 经纬度坐标系统下的 GeoTiff 格式文件，并进行投影转换、重采样等操作。基于大沽河流域的矢量边界图，对经过投影转换的 MOD16 数据进行裁剪，从而得到不同时间和空间尺度下大沽河流域的地表蒸散量图，进而统计分析大沽河流域年内及年际蒸散量的变化趋势和规律。

3.3.3 结果与分析

（1）ET 年平均值变化规律。根据 MOD16 月合成 ET 产品数据，经过数据转换、裁剪、计算等操作后，可以获取大沽河流域地表 2005—2014 年的蒸散量。图 3.6 显示了大沽河流域地表蒸散量的逐年变化过程和年际波动情况。2005—2014 年大沽河流域地表蒸散量年平均值的波动范围为 550.04 ～

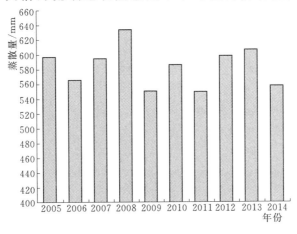

图 3.6　大沽河流域 2005—2014 年遥感估算地表蒸散量的年际变化

634.54mm/a，多年平均蒸散量为 584.25mm/a，且各年间的平均 *ET* 值呈现一定的波动。年均蒸散量超出多年 *ET* 平均值的年份出现在 2005 年、2007 年、2008 年、2010 年、2012 年和 2013 年，其中 2008 年和 2013 年尤为突出，分别超出多年平均值 50.29mm 和 22.34mm，其他年份均低于多年平均值。

（2）*ET* 月平均值变化规律。总体上来看，大沽河流域地表蒸散量年内分布呈现先增大后减小的单峰型分布趋势，蒸散量月均变化曲线见图 3.7。蒸散量主要集中在 6—9 月，其中 12 月、1 月、2 月蒸散量为一年中的最小值，分别为 23mm、22mm、22mm 左右；8 月蒸散量最大，达到 108mm 左右。究其原因主要在于：12 月、1 月、2 月正值冬季，大沽河流域的气温较低，地表蒸散发很弱，且土壤含水量低，耕地多处于裸土状态，因而流域蒸散量为一年当中的最低值；3 月、4 月、5 月气温缓慢回升，且处于多种农作物生长期，土壤供水充足，蒸发旺盛，因此地表蒸散量也随之升高；6 月、7 月、8 月气温达到最大值，并且在此期间降雨量大，供水充分，再加上风速大、日照充足，提供了有利于地表蒸散发的充分条件，同时在该时间段内 8 月的地表蒸散量达到了最高值；9 月、10 月、11 月气温缓慢降低，且随着农作物的收获、植被的枯萎凋落等原因又向着不利于蒸散发的条件转变，因此该阶段的蒸散量又逐渐回落，到 12 月蒸散量降到 22mm 左右。

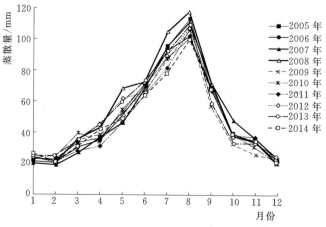

图 3.7　大沽河流域 2005—2014 年不同月份地表蒸散量分布

3.3.4　结论与讨论

（1）在大沽河流域蒸散量年际变化研究中，由于研究的时间序列较长，但缺乏长时间序列的气象观测资料，研究基于 MOD16 全球蒸散产品分析了大沽河流域 2005—2014 年共 10 年间的蒸散量年际和年内变化趋势。结果表明 2005—2014 年大沽河流域地表蒸散量年平均值的波动范围为 550.04～

634.54mm/a，多年平均蒸散量为 584.25mm/a，且各年间的平均 *ET* 值呈现一定的波动。蒸散量年内分布呈现先增大后减小的单峰型分布趋势，蒸散发主要集中在 6—9 月，其中 12 月、1 月、2 月蒸散发量最小，8 月蒸散发量最大。

（2）由于陆面蒸散发过程的复杂性，目前大尺度的区域蒸散发模拟还存在一些不确定性。众多学者们利用各种模型估算蒸散发，如 BEPS 模型、Priestley-Taylor 等，结果均低于 MOD16 产品的结果。研究采用的 MOD16 产品也同样存在一定程度的误差。这说明即使都是基于物理过程的遥感蒸散发模型，由于相关假设的不同和控制因子的敏感性，导致模拟结果也具有一定的差异。总的来说，MOD16 作为 MODIS 全球蒸散发产品，为全球变化研究提供了长时间序列较高分辨率的蒸散发产品。将该产品应用于大沽河流域蒸散量年际变化研究中，虽然模拟结果存在不同程度的误差，但结果仍然具有一定的可靠性，能较准确地反映蒸散量在流域内的变化趋势。

第4章　大沽河流域降水遥感估算与分析

如前所述，遥感反演降水发展至今，已有50多年历史，很多学者从不同角度对卫星反演降水算法进行了总结。根据不同的传感器类型，目前已有的各类卫星遥感降水反演算法分为可见光（VIS）/红外（IR）、被动微波、主动微波（雷达）以及多传感器联合反演等4种类型。

根据大沽河流域的面积，数据的空间分辨率不宜过低。综合考虑数据的连续性、分辨率及可获取性等多种因素，选择红外波段的风云二号系列静止气象卫星-2（FY-2F）数据估算流域的降水量。

4.1　FY-2F降水估算产品

风云二号系列静止气象卫星是我国第一代静止气象卫星，共发射6颗，即风云二号A/B/C/D/E/F，包括2颗试验星（风云二号A/B），4颗业务星（风云二号C/D/E/F）。2012年1月13日8时56分，风云二号F星（FY-2F）在西昌卫星发射中心成功发射。FY-2F星是风云二号03批3颗卫星中的首发星，星载两个主要载荷：扫描辐射计和空间环境监测器。扫描辐射计包括1个可见光和4个红外通道，可以实现非汛期每1h，汛期每0.5h获取覆盖地球表面约1/3的全圆盘图像。同时，风云二号F星还具备更加灵活的、高时间分辨率的特定区域扫描能力，能够针对台风、强对流等灾害性天气进行重点观测，将在我国气象灾害监测预警、防灾减灾工作中发挥重要作用。空间环境监测器实现对太阳X射线、高能质子、高能电子和高能重粒子流量的多能段监测，用于开展空间天气监测、预报和预警业务。

FY-2F气象卫星产品是对FY-2F原始资料进行处理后形成的加工产品，这些产品经过计算机网络及通信线路分发后形成分发产品。目前国家卫星气象中心通过9210信道或GST线路分发的FY-2F气象卫星产品有图像产品、定量产品、图形和分析产品三大类。

降水估计产品是利用FY-2F静止气象卫星资料，结合常规地面观测资料，通过卫星中心静止气象卫星降水估计技术和卫星估计结果与地面常规雨量观测结果的融合技术所生成的覆盖中国及周边地区的定量雨量估计结果。

国家卫星气象中心针对云顶温度较高时对流云与降水强度的对应不良问

题，选用云顶温度梯度、云体相对于云团中心的偏离量、云团移动速度作为辅助因子进行降水回归分析。在进行逐步回归分析计算之前，考虑到对流云团云顶温度的分布特点，先根据云顶温度降云团划分为 4 层，而后针对不同的气候区进行回归计算，得到适用于不同气候区和不同云顶温度的降水方程。并采用了一种智能型客观分析的方法，实现了卫星降水估计与地面降水观测结果的融合。其方法如下：

设 R 表示雨量，上标 o 表示雨量计观测值，a 表示分析值，s 表示卫星降水估计值，下标 i 为网格点序数，k 为雨量测站序数，将卫星降水估计结果作为初始值，将离散的地面雨量计观测值分析到均匀分布的网格上后，其值由下式给出

$$R_i^a = R_i^s + \sum_{k=1}^{N} P_k (P_k^o - P_k^s) \tag{4.1}$$

其中，P_k 是权重因子，N 为雨量测站总数。上式表明格点的分析值可以看做由卫星降水估计值（初始值）与格点周围观测值与卫星降水估计值之差的加权之和（订正值）组成。在常见的客观分析方法当中，总是直接或间接地假设雨量场中任意两点雨量的相关系数仅是其间距离的函数，因此，认为插值方程中的权重系数仅是格点与站点之间距离的函数。这种做法对于强对流系统降水的分析来说过于粗糙。模拟人的思维，在确定权重函数时不仅考虑了格点与站点的距离 r，而且考虑了站点相对于格点的取向 θ。为此，将权重函数设计为

$$P_k = \left[\frac{W_{rk}}{\sum\limits_{j=1}^{N} W_{rj}} \right] \prod_{j=1}^{N} W_{\theta f} \tag{4.2}$$

式（4.2）表明，插值方程中的权重系数由距离因子 $W_{rk} / \sum\limits_{j=1}^{N} W_{rj}$ 与角度因子 $\prod\limits_{j=1}^{N} W_{\theta f}$ 的乘积确定。

风云卫星遥感数据服务网站上发布了 1h、3h、6h、24h 的降水估计产品。根据每 1h 的卫星红外数据估计小时降水，每 6h 融合实时获取的地面观测 6h 降水生成一幅 6h 累计降水估计产品，每 24h 融合实时获取的地面观测 24h 降水生成一幅日累计降水估计产品。在世界时 00：50、06：50、12：50、18：50 每 6h 分别生成 0—6 时、6—12 时、12—18 时、18—24 时的 6h 累计降水估计产品。在世界时 0：50 生成前一天的 0—24 时的日累计降水估计产品。

4.2　基于 FY‐2F 降水估算产品的大沽河流域降水分析

4.2.1　大沽河流域月降水分布

以 FY‐2F 的 24h 降水估计产品为数据源，计算出 2013 年 1—12 月的月

降水量，经过数据校正、裁剪后，获得大沽河流域的月降水分布图（图 4.1）。图像的空间分辨率约为 5000m。

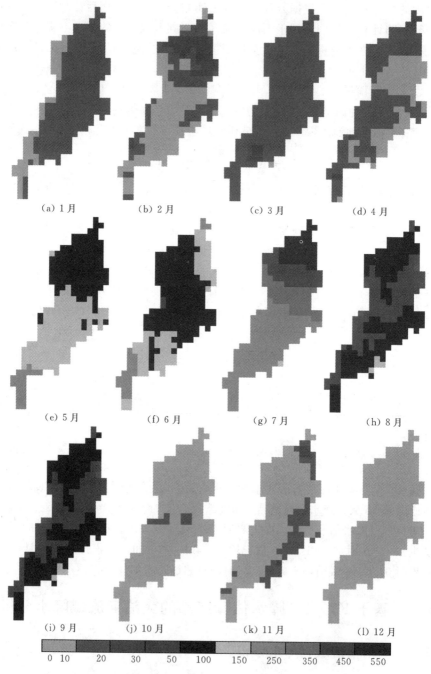

图 4.1　大沽河流域 2013 年 1—12 月逐月降水分布图（单位：mm）

4.2.2　大沽河流域月降水量估测结果检验

分别以大沽河、云山镇、移风店及南墅中学 4 个气象自动站的 2013 年月降水观测值为参照，通过分析估测降水量与实际降水量的关系，检验流域月降水遥感估测的有效性。

图 4.2 为大沽河站点实测降水量与卫星估测降水量对比图。由图 4.2（a）可以看出，5 月、6 月、7 月、8 月基于卫星数据的估测降水量均高于实测降水量，其中 6 月、7 月差别超过 70mm。实测数据与估测数据的相关系数为 0.88，说明两者在总体趋势上相似性大。图 4.2（b）为实测降水量与估测值的线性回归分析结果，可以看出两者线性相关，回归方程拟合较好。

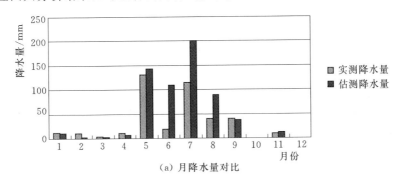

（a）月降水量对比

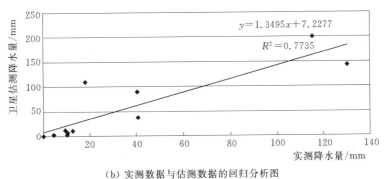

（b）实测数据与估测数据的回归分析图

图 4.2　大沽河站点 2013 年实测月降水量与卫星估测值对比

图 4.3 为云山镇站点实测降水量与卫星估测降水量对比图。可以看出，每个月的降水估测值与实测降水量均比较接近。实测降水量与估测值线性相关，回归方程拟合度非常理想。

图 4.4 为移风店站点实测降水量与卫星估测降水量对比图。由图 4.4（a）可以看出，6 月、7 月、8 月基于卫星数据的估测降水量与实测降水量差别较大，其中 6 月估测值远大于实际观测值，而 7 月、8 月实际观测值偏大。图 4.4（b）

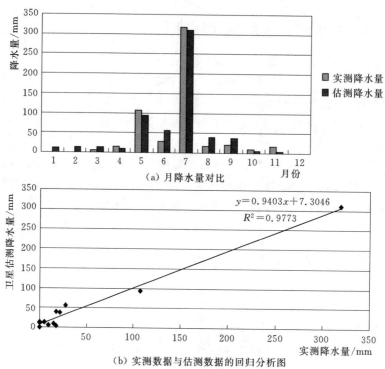

(a) 月降水量对比

(b) 实测数据与估测数据的回归分析图

图 4.3　云山镇站点 2013 年实测月降水量与卫星估测值对比图

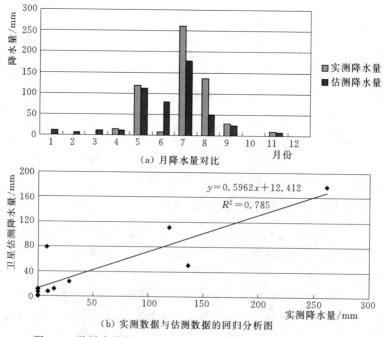

(a) 月降水量对比

(b) 实测数据与估测数据的回归分析图

图 4.4　移风店站点 2013 年实测月降水量与卫星估测值对比图

为实测降雨量与估测值的线性回归分析结果，可以看出两者线性相关，回归方程拟合较好。

图 4.5 为南墅中学站点实测降水量与卫星估测降水量对比图。可以看出，除了 6 月外，每个月的降水估测值与实测降水量均比较接近。实测降水量与估测值线性相关，回归方程拟合度非常理想。

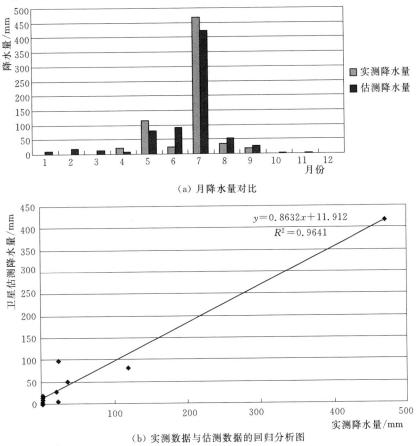

（a）月降水量对比

（b）实测数据与估测数据的回归分析图

图 4.5   南墅中学站点 2013 年实测月降水量与卫星估测值对比图

由以上对比分析可以看出，检验的 4 个观测站中，云山镇和南墅中学站点的观测值与 FY-2F 的降水估测值相关性非常理想，而大沽河和移风店两个站点在丰水期 6 月、7 月、8 月的观测值与估测值差别较大，这可能与降水估测数据的空间分辨率较低有关。由于风云气象数据分辨率的限制，降水产品的空间分辨率约为 5000m，在估测数据中很难精确定位观测站，如大沽河站点的经纬度为东经 $120°03'24''$、北纬 $36°14'01''$，但在卫星观测数据中，只能定位在东经 $120°1'22.562''$、北纬 $36°15'19.62''$。此外，6 月、7 月经常为强降雨，地域之间的降水差别可能很大，地理位置的少许错位即可能造成降雨量的较大变化。

综上所述，尽管某些站点个别月份的降水估测值存在较大误差，基于 FY-2F 的降水估计结果仍然可以表达流域降水的时空分布规律，是较为理想的降水产品。

4.2.3　大沽河流域 2013 年度降水时空分析

对大沽河流域每个月的降水进行统计，月降水均值见表 4.1。

表 4.1　　　　　大沽河流域 2013 年逐月遥感估算降水信息统计表

月份	1	2	3	4	5	6	7	8	9	10	11	12
平均降水量/mm	10.81	12.06	13.94	11.16	107.96	94.48	294.28	53.35	37.09	6.89	3.67	0.11
降水方差/mm	5.84	7.90	7.50	6.37	55.90	51.02	162.75	29.10	22.58	5.10	2.97	0.68

由表 4.1 可以看出，7 月流域平均降水量最大，为 294.28mm；其次为 5 月、6 月和 8 月。而 10 月、11 月和 12 月降水稀少，其中 12 月降水量接近零。7 月，流域内降水量变化层次最丰富，其次是 5 月、6 月。其他月份流域内降水较为均匀。

从空间分布上看，1 月降水的垂直分带现象较为明显，且东部偏多西部偏少。6 月、7 月的降水量近水平分带，不同的是，6 月流域南部降雨量最大，7 月则是流域北部、中部降水最大（图 4.1）。

在降水估算结果中，提取流域内大沽河、云山镇、移风店和南墅中学 4 个站点 2013 年的月降水量（图 4.6），可以看出，2013 年度 4 个站点的降水分布规律相似，降水主要集中在 5—8 月，其中 7 月南墅中学站点降水量最大，超过 400mm，而在其他月份，各个站点的降水量均低于 50mm。

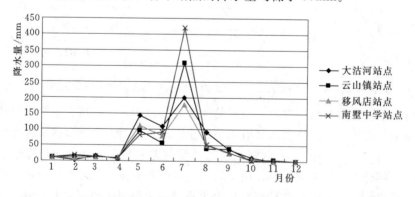

图 4.6　大沽河流域 2013 年度典型站点处的月降水规律（据遥感估算结果）

第5章 大沽河流域土壤水分遥感反演与分析

土壤水分遥感反演已经开展多年，并取得了大量的研究成果。研究的手段有地面遥感、航空遥感和卫星遥感；遥感波段包括可见光、近红外、热红外和微波等多种遥感波段；遥感监测土壤水分的方法有热惯量法、蒸散与作物缺水指数法、绿度指数法、温差法、微波散射系数法等。受到数据获取的限制，研究中采用基于光学和热红外遥感数据的反演方法。

5.1 光学和热红外遥感土壤水分反演原理

尽管在大尺度上使用光学反射率直接测量土壤水分受到土壤组分、物理结构和观测条件等诸多因素的限制，但是基于辐射温度数据，并联合光学遥感和热红外遥感进行土壤水分估算已经获得了一些成果。其中，热惯量法与地表温度-植被指数特征空间法（三角法、梯形法等）为热红外遥感反演土壤水分的两种主要方法。热惯量法具有严格的物理基础，利用温度在土壤中的热传导原理与土壤水分建立关系。由于植被的温度及能量传输机理有别于土壤，故热惯量法用于植被覆盖地区，精度会大大降低甚至不能使用。特征空间法则利用地表温度与植被指数组成的特征空间，依据土壤水分的变化与地表温度的关系进行插值，建立各种土壤湿度指数，得到了广泛的应用。在运用特征空间法时，干湿边的提取一直是难点，直接影响到反演土壤水分的精度（张殿君，2015）。联合地表温度和植被指数估算土壤水分的方法有很多，如三角法、温度植被干旱指数（TVDI）、作物缺水指数法（CWSI）等。

5.1.1 热惯量法

当太阳辐射到达地面后，一部分能量用于升高土壤表面的温度，一部分将向下传输，热惯量就是阻止物质温度变化的一个量。热惯量定义为

$$P = \sqrt{k\rho C} \tag{5.1}$$

式中：P 为热惯量，J/（m² · K · s$^{1/2}$）；k 为土壤导热率；ρ 为土壤密度；C 为土壤热容量。

由于 C、k、ρ 等特性的变化在一定条件下主要取决于土壤含水量的变化，

因此土壤热惯量与土壤含水量之间存在一定的相关性。一般来说，土壤含水量越大，C、k 值越大，因而 P 越大。此外，土壤表面温度的日变化幅度（日较差）是由土壤内外因素共同决定的，其内部因素主要是指反映土壤传热能力的热导率和反映土壤储热能力的热容量，而外部因素主要指太阳辐射、空气温度、相对湿度、风、云、水汽等所引起的地表热平衡。其中土壤湿度强烈地控制着土壤湿度的日较差，土壤温度日较差随土壤含水量的增加而减少，而土壤温度日较差可以通过卫星遥感数据获得。因此，可以通过遥感数据所获得的热惯量和土壤含水量的关系来研究和估算土壤水分状况。

根据地表热量平衡方程和热传导方程，人们研究建立了各种热惯量模式。这些模式除了考虑太阳辐射、大气吸收和辐射、土壤热辐射和热传导等效应外，还考虑到蒸发和凝结、地气间对热流交换等效应，因而所需的参数多，计算较为复杂。一般情况下，地表热惯量可以近似表示为地面温度的线性函数，所以地表热惯量可以通过对土壤反照率和日最大最小温度差的测量而获得。Price 在地表能量平衡方程的基础上，简化了潜热蒸散模式，引入地表综合参数 B 的概念，通过对热惯量遥感成像的机理系统研究，提出以下热模式

$$T_d - T_n = \frac{2S\tau C_1(1-A)}{\omega P^2 + \beta^2 + \sqrt{\omega}PB} \tag{5.2}$$

式中：P 为地表热惯量；A 为土壤反照率；T_d、T_n 分别为白天夜晚的地表温度，K；S 为太阳常数，$S=1.37\times10^3 \text{J/m}^2$；$\tau$ 为大气透过率（假设为 0.75）；ω 为地球自转频率；C_1 为太阳赤纬（δ）和当地纬度（φ）的函数，$C_1=1/[\sin\delta\cos\phi(1-\tan^2\delta\tan^2\phi)^{1/2}+\text{arcos}(-\tan\delta\tan\phi)\cos\delta\cos\phi]$；$B$ 为表征土壤发射率、空气比湿、土壤比湿等天气和地面状况的地表综合参数，可由地表测量得到。

根据式（5.2）可以得到热惯量的近似方程

$$P = \frac{2S\tau C_1(1-A)}{\sqrt{\omega}(T_d-T_n)} - \frac{0.9B}{\sqrt{\omega}} \tag{5.3}$$

式中：$2S\tau C_1$ 为入射达到地面的太阳辐射总量，可用 Q 表示。而对于一般均匀的大气条件和平坦地表来说，大气透过率 τ 和大气-土壤界面综合因子 B 均可认为常数。方程进一步简化为

$$P = \frac{2Q(1-A)}{T_d-T_n} \tag{5.4}$$

式中：$Q(1-A)$ 表征地表对太阳辐射的净收入。在实际应用中，地表参量需要气象地面资料，不方便卫星的实时监测，所以许多模型常常使用表观热惯量来代替真实热惯量 P 来进行土壤含水量的反演，即不考虑当地的纬度、太阳高度角、日地距离等因素，只考虑反照率和温差，对热惯量方程进一步简化为

$$P_{ATI} = \frac{1-A}{T_d - T_n} \tag{5.5}$$

由此可见，不同物体的 $(1-A)$ 相同，即吸收太阳能量相同，则热惯量大的物体，昼夜温差小，反之亦然。可见，热惯量是决定地物日温差大小的物理量。以上推导过程表明，地表热惯量的计算关键在于获取地表反照率和多时相温度差。也就是说，利用多时相、多波段遥感数据特点来计算地表热惯量；通过多波段遥感的反射值反演地表反照率 A；通过多时相热红外波段的发射值反演地表温度，进而到温度日较差。得到土壤的表观热惯量，之后就要建立土壤热惯量与土壤含水量的关系模型，经常使用的主要有两种经验模型：线性经验公式计算土壤含水量 W 和指数经验公式计算土壤含水量 W，即

$$W = a + b P_{ATI} \tag{5.6}$$

$$W = a \cdot b^{P_{ATI}} \tag{5.7}$$

5.1.2　三角法

国内外学者研究了各种空间尺度和时间分辨率的地表温度（surface composite temperature，T_s）和植被指数（vegetation index，VI）的关系，发现 T_s 和 VI（或者 Fractional vegetation cover，F_r）之间存在明显的负相关关系。假设在区域内有足够多的像元，且云和水体都去除的条件下，像元地表温度和植被指数或植被覆盖度构成的空间分布往往会聚集成三角形或梯形。根据这一特征，Price 首先提出了三角空间的概念。它是基于卫星观测的地表温度和植被指数组成的散点图（图 5.1）所提出的。结合模型模拟的结果，通过分析像元点在三角空间中的位置来求解土壤水分。

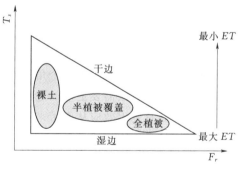

图 5.1　理想的地表温度（T_s）与植被指数（F_r）组成的三角空间

三角法的主要假设有：①研究区内植被覆盖从裸土到全植被覆盖；②三角空间内的变化主要由土壤水分引起的，而不是大气条件变化；③地表温度对植被和土壤的敏感性是不同的。

针对三角空间的特性，主要优点在于：①能够全遥感的估算土壤水分而不需要任何辅助数据；②三角法简单实用，可以监测大区域的土壤干湿状况。同时，该方法的不足有：①三角空间的确定有一定的主观性；②研究区内必须有足够的像元，植被和土壤水分都要满足一定条件；③在非平坦地区有很多

限制。

5.1.3　梯形法

通过实验，Jackson 探索了干旱区植被温度与空气温度之差的关系，并提出作物缺水指数（CWSI）。为了计算空间内某一特定时刻的土壤水分值，梯形 4 个角点的值（图 5.2）需要已知，即：①全植被覆盖且水分充足点；②受水分胁迫的全植被覆盖点；③饱和含水量的裸土点；④干旱的裸土。结合作物胁迫指数理论和彭曼公式计算土壤水分。此指数仅能应用于全植被覆盖地区而在植被稀疏区却难以使用。

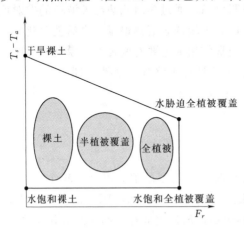

图 5.2　简化的 $T_s - T_a$ 与 F_r 组成的梯形空间

基于 CWSI，Moran 等提出了水分亏损指数（WDI）来克服 CWSI 的缺点，不仅可以应用于全植被覆盖区，还可以应用于植被稀疏区。根据能量平衡模型，该指数考虑到土壤调整植被指数（SAVT）与温差组成一个梯形，并且该方法可以直接利用遥感数据进行计算，避免了测量叶片和空气温度。

与三角法相比，梯形法不需要大量的像元点。梯形法的优点是：①具有坚实的物理基础；②确定空间的四个角点的状况是地面真实状况的极限状态。相反，缺点有：①该方法需要更多的地面参数来计算土壤水分指数；②水分胁迫对植被的影响具有延迟效应从而带来不确定性。

5.1.4　温度植被干旱指数（TVDI）

Sandholt 等在研究土壤湿度时发现，$T_s - NDVI$ 的特征空间中有很多等值线，于是基于地表温度和 $NDVI$ 之间的经验参数关系，提出了温度植被干旱指数（TVDI）的概念。这个指数在概念上和计算上都非常直观。TVDI 由植被指数和地表温度计算得到，只依靠图像数据，其定义为

$$TVDI = \frac{T_s - T_{s_{min}}}{T_{s_{max}} - T_{s_{min}}} \tag{5.8}$$

式中：$T_{s_{min}}$ 为最小地表温度，对应的是湿边；T_s 为任意像元的地表温度；$T_{s_{max}} = a + bNDVI$ 为某一 NDVI 对应的最高温度，即干边；a、b 为干边拟合方程的系数。

TVDI 的原理见图 5.3，在干边上 *TVDI*＝1，在湿边上 *TVDI*＝0。对于每个像元，利用 *NDVI* 确定 $T_{s_{max}}$，根据 T 在 T_s/*NDVI* 梯形中的位置，计算 *TV-DI*。*TVDI* 越大，土壤湿度越低，*TVDI* 越小，土壤湿度越高。估计这些参数要求研究区域的范围足够大，地表覆盖从裸土变化到比较稠密的植被覆盖，土壤表层含水量从萎蔫含水量变化到田间持水量。

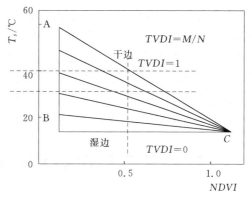

图 5.3　温度植被干旱指数模型解释图

　　Moran 等在假设 T_s－*NDVI* 特征空间呈梯形的基础上，从理论上计算梯形 4 个顶点坐标的研究结果表明，在不同的植被覆盖度条件下，T_s－*NDVI* 特征空间中最低温度（$T_{s_{min}}$）随植被覆盖度而不同。因此本章在将 T_s－*NDVI* 特征空间简化处理为三角形的同时，对 $T_{s_{max}}$ 和 $T_{s_{min}}$ 同时进行线性拟合，拟合的方程为

$$T_{s_{max}} = a_1 + b_1 NDVI \tag{5.9}$$

$$T_{s_{min}} = a_2 + b_2 NDVI \tag{5.10}$$

　　这样可以由下式计算温度植被旱情指数

$$TVDI = \frac{T_s - (a_2 + b_2 NDVI)}{(a_1 + b_1 NDVI) - (a_2 + b_2 NDVI)} \tag{5.11}$$

式中：a_1、b_1 为干边拟合方程的系数；a_2、b_2 为湿边拟合方程的系数。

　　使用 TVDI 方法反演土壤湿度的特点是模型参数可由图像数据直接获得，计算简单方便，并与土壤湿度相关。但 *TVDI* 只表示同一图像水分状况的相对值。

5.2　土壤水分反演模型的选择

　　选择的模型不仅需要具备良好的精度，而且要简单易行，容易实现，尽可能少用地面实测资料，尽可能多从遥感影像上提取所需要的信息。

　　利用遥感技术反演土壤含水量，对于裸土或者低植被覆盖区域，普遍采用热惯量模型，或者简化的表观热惯量模型，可以估算土壤表层 0～10cm 深的水分状况，适用于 3—5 月和 9—11 月时间段，方法简单，技术发展比较成熟，所需参数完全可以从影像数据中直接提取；在植被覆盖较高的情况下，土壤含水量的反演模型比较繁杂，目前使用较多的是作物缺水指数法和温度植被干旱指数法。由于大沽河流域 2013 年 12 个月土壤水分的时空变化规律所跨越的时间内植被覆盖度有高有低，因此，植被覆盖度低的月份宜采用表观热惯量模型反演土壤含水量，植被覆盖度高的月份宜采用 TVDI 法。然而，研究区内提供土壤含水量实测值的站点只有胶州和莱西两个站点，无法进行表观热惯量与土壤含水量的关系建模，故研究中主要采用 TVDI 计算流域的土壤相对含水量。

5.3 基于 TVDI 的大沽河流域土壤水分监测

研究中，利用 2013 年 12 个月的 MODIS 合成产品数据 MOD11A2（该数据包括白天地表温度，8d 为间隔）、MOD13A2（该数据包括归一化植被指数 NDVI，16d 为间隔），使用优选的模型——温度植被干旱指数法（TVDI）反演大沽河流域 2013 年每 16d 的土壤湿度，并进一步研究该时间段流域土壤湿度的时空分布规律。

5.3.1 MODIS 传感器及产品介绍

在 20 世纪 80 年代初期，NASA 就开始计划建立地球观测系统（earth observing system，EOS），这是地球观测使命的重要开始。EOS 由 3 部分组成：基于太空的观测系统、科研计划和数据/信息系统（EOS - DIS）。EOS 第一个组成部分是一个基于太空的观测系统，它由一系列极地轨道和中度倾斜轨道卫星组成；EOS - DIS 负责处理和保存获取的数据，并负责把处理的数据提供给科研机构。

1999 年 12 月 18 日，美国成功地发射了地球观测系统（EOS）的第一颗先进的极地轨道环境遥感卫星 Terra（AM - 1），这颗卫星是 NASA 地球行星使命计划中总数 15 颗卫星的第一颗，也是一个提供对地球过程进行整体观测的系统。2002 年 4 月 18 日 NASA 又发射了 Aqua（PM - 1），以后的发射计划至少持续了 5 年时间。AM 和 PM 均为与太阳同步的极地轨道卫星，AM 在地方时早晨 10：30 由北向南穿越赤道线，而 PM 在地方时下午 1：30 由南向北穿越赤道线。AM 在云量最少的时候过境，主要对地球的生态系统进行观测，而 PM 在云最多的时候过境，主要对地球的水循环系统进行观测。MODIS 具有 36 个光谱通道，分布在 $0.4 \sim 14 \mu m$ 的电磁波谱范围内。MODIS 每一个仪器的设计寿命为 5 年，将计划发射 4 颗卫星。由此估计，利用 MODIS 仪器至少将获得 5 年 36 个光谱波段的地球综合信息。这些数据对于开展自然灾害与生态环境监测、全球环境和气候变化研究以及进行全球变化的综合性研究是非常有意义的。

NASA 提供 MODIS 全球数据产品，共有 44 种标准产品，具有不同的时间和空间分辨率，均由 DAAC（distributed active archive center）存储和发布。笔者在 NASA 官方网站上下载了包含流域范围的 8d 合成的 1000m 分辨率的 MOD11A2（其中包括白天地表温度数据）和 16d 合成的 1000m 分辨率的 MOD13A2（其中包括 NDVI 数据），成像时间为 2013 年 1 月 1 日至 12 月 31 日。

MOD11A2 是 8d 合成空间分辨率为 1km 的陆地表面温度产品。该产品包含白天地表温度、夜间地表温度、31 波段和 32 波段通道发射率等资料。该产品中的地表温度是通过建立 31 通道、32 通道亮温线性组合的劈窗算法计算获取的，其中通道亮温值是根据辐射度与 0.1K 步长亮温的查找表来确定，在计算地表温度过程中需要的发射率是根据 MODIS 土地覆盖产品确定的。对已知发射率的像素点陆地表面温度的精度为 1K。

MOD13A2 是 16d 合成空间分辨率为 1km 的植被指数产品。该产品包含 NDVI、EVI、红光、近红外、中红外、蓝光等波段反射率以及其他辅助信息。MOD13A2 使用新的合成算法减小随观测角度的变化和太阳-目标-传感器几何学因素引起的变化。在生成植被指数格点资料时将应用分子散射、臭氧吸收、气溶胶订正算法，用 BRDF 模式将观测量订正到天顶角。

有各种不同的合成时段用于获得全球尺度无云条件的 NDVI。最小合成时段取决于云覆盖频率，从 5d（高纬度）到 30d（潮湿热带地区）不等。NDVI 的合成时段有 7d、9d、10d、11d、14d 和逐月合成等许多种（空间分辨率 1km 到 1°）。合成时段的选择还取决于应用情况。合成时段较短，可以监测到更为动态的地球变化，并可以进一步作长时段的合成。但受云的影响的概率会更大。MODIS 选择 16d 的合成时段是根据 EOS‐AMI 卫星 16d 的重复周期和使视角变化达到全域值的要求而定的。因为这提供既避免云的影响又能以较小的视角覆盖所有纬度的机会，似乎是合适的选择。

5.3.2 数据处理流程

图像处理过程由 ENVI 图像处理软件和 Matlab 软件完成，处理过程如下：

（1）首先利用 MODIS 数据产品投影变换软件 MRT 进行投影变换，采用 WGS‐1984 椭球体，UTM 投影。

（2）在 ENVI 中使用大沽河流域界线矢量图形剪切出流域的地表温度图像和植被指数图像（NDVI）。

（3）使用 Matlab 编程，将 2 个时相 8d 合成的地表温度数据合成为 1 个时相 16d 合成的地表温度数据（单位为℃）。合成时，如果某一像元 2 个时相都有值，则取其平均作为合成后的像元值；如果只有 1 个时相有值，就使用这个时相的值作为合成后的像元值。

（4）使用 Matlab 编程，利用 16d 合成的地表温度数据和植被指数数据，提取某一 NDVI 对应的所有地表温度中的最大值和最小值，将不同 NDVI 下的最大和最小陆地表面温度保存于 Excel 文件中。

（5）利用上一步骤中提取的数据，在 Excel 中对 NDVI 和最大和最小陆地表面温度进行线性拟合，获得干边和湿边方程的系数 a_1、b_1、a_2 和 b_2。

（6）使用 Matlab 编程，根据式（5.11）计算图像上每个像元的温度植被干旱指数（TVDI）值，获取流域 TVDI 的分布图，根据 TVDI 等级划分形成大沽河流域土壤湿度分布图。

图 5.4 显示了部分 Matlab 程序文件列表。

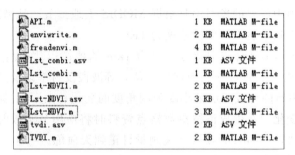

图 5.4　研究中编写的部分 Matlab 程序文件

5.3.3　结果分析

（1）T_s-$NDVI$ 特征空间。在 Matlab 中编写程序，提取大沽河流域相同 $NDVI$ 下的不同像元对应的最大陆地表面温度和最小陆地表面温度，每期数据中 $NDVI$ 均匀划分了 256 个等级，获得研究区每 16d 的 T_s-$NDVI$ 特征空间，共 23 期结果。图 5.5 显示了部分 T_s-$NDVI$ 特征空间散点图，图中，深色点为 $T_{s_{max}}$ 分布，用于拟合干边方程，浅色点为 $T_{s_{min}}$ 分布，用于拟合湿边方程。T_s 的单位均为℃。

由图 5.5 可以看出，大部分特征空间的干边和湿边都具备相似的形状。在 $NDVI$ 大于某个值时，随着 $NDVI$ 的增大，陆地表面温度的最大值在减小，同时陆地表面温度的最小值在升高，且陆地表面温度的最大值、最小值与 $NDVI$ 呈近似线性关系。因此，如果将湿边描述成与 $NDVI$ 轴平行的直线会使结果产生误差，对湿边进行线性拟合是合理的。但图 5.5 中也显示，不同时间的干边、湿边形状是不同的。7 月、8 月、9 月地表温度的最大值和最小值差别较小，干边与湿边的斜率比较小，而温差较大的 2 月、12 月干边、湿边的斜率差别较大。此外，由于 6—9 月大沽河流域的植被覆盖度普遍偏高，

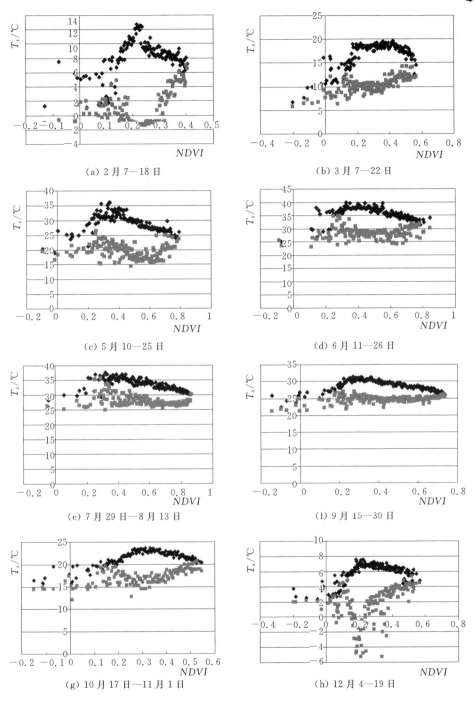

图 5.5　2013 年每 16d 的 T_s-$NDVI$ 空间散点图（部分）

$NDVI<0.2$ 的特征点较少，同时，$T_{s_{max}}$ 开始下降处、$T_{s_{min}}$ 开始上升处对应的 $NDVI$ 值也偏高（0.3 左右）。

（2）干湿边方程确定。根据 TVDI 理论，T_s-$NDVI$ 特征空间是由一组土壤湿度等值线组成，上部土壤湿度低，下部土壤湿度高。如果有效确定特征空间的干湿边，则图像中每个像元的土壤湿度均可计算得到，从而获得土壤湿度分布图。利用 T_s-$NDVI$ 特征空间中的相应最大和最小陆地表面温度，回归拟合可获得干边和湿边方程。

尽管 TVDI 认为：随着植被指数（NDVI）的增加，陆地表面温度最大值逐渐降低，且与植被指数呈线性关系。这里实际上是假定 NDVI 与植被覆盖度呈线性关系，但实际情况并非如此。实验证明，当植被覆盖度小于 15% 时，植被的 $NDVI$ 值高于裸土的 $NDVI$ 值，植被可以被检测出来，但因植被覆盖度很低，如干旱、半干旱地区，其 $NDVI$ 很难指示区域的植物生物量；当植被覆盖度由 25%～80% 增加时，其 $NDVI$ 值随植物量的增加呈线性迅速增加；当植被覆盖度大于 80% 时，其 $NDVI$ 值增加延缓而呈现饱和状态，对植被检测灵敏度下降。实验表明，作物生长初期 $NDVI$ 将过高估计植被覆盖度，而在作物生长的后期 $NDVI$ 值偏低。因此，$NDVI$ 更适用于植被发育中期或中等覆盖度（低-中等叶面积指数）的植被检测。正是这个原因，特征空间中的最大、最小陆地表面温度随 $NDVI$ 的变化并非一条直线（图 5.5 也证实了这一点）。因此，需要考虑如何选择像元进行回归拟合获得合适的干、湿边方程。

结合上述理论及前人的研究成果，在拟合干湿边方程时，选择处于中间范围的 $NDVI$。这里以 2013 年 2 月 19 日—3 月 6 日的 T_s-$NDVI$ 特征空间 ［图 5.6 （a）］为例，说明特征空间干湿边参数的确定方法。图 5.6 所示，最大温度形成的点线（深色）和最小温度形成的点线（浅色）均大致可以分成两部分：$NDVI<0.2$ 和 $0.2<NDVI<0.48$。由于 $NDVI<0$ 的地表主要为水体、云或雪，可认为地表的湿度为 100%，因此在分析时不考虑 $NDVI<0$ 的像素。图中 $NDVI<0.2$ 时干边的斜率为正值，而 $0.2<NDVI<0.48$ 时干边的斜率

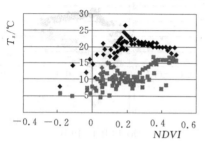

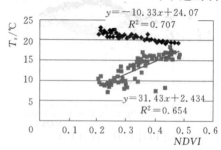

（a）2 月 19 日—3 月 6 日 T_s-$NDVI$ 特征空间　　（b）2 月 19 日—3 月 6 日干湿边拟合

图 5.6　T_s-$NDVI$ 特征空间干湿边方程拟合

为负值。由于没有 $NDVI > 0.5$ 的值，研究中拟合干边和湿边时，选取 $0.2 < NDVI < 0.48$ 的像素即可。

采用上述方法分别对 23 期数据进行拟合，得到的干边和湿边方程的系数 a_1、b_1 和 a_2、b_2 列在表 5.1 中。

表 5.1 干边、湿边方程拟合系数一览表

序数[①]	a_1	b_1	a_2	b_2
1	23.686	−51.641	−15.566	23.398
17	38.134	−61.031	−15.955	25.574
33	24.897	−23.726	−19.715	49.917
49	15.954	−22.83	−11.505	42.932
65	24.074	−10.335	2.4348	31.439
81	22.599	−10.782	5.6416	12.986
97	27.878	−8.5921	12.938	15.065
113	32.876	−10.877	17.033	5.5018
129	35.095	−8.5072	24.58	0.6177
145	38.314	−17.062	20.315	−1.7051
161	40.555	−14.119	27.072	1.4529
177	42.736	−11.993	27.255	1.9548
193	77.308	−50.612	17.471	10.717
209	82.798	−54.46	13.411	15.382
225	38.605	−8.5516	30.951	−5.0818
241	39.676	−11.43	30.733	−4.6148
257	36.582	−9.6813	26.433	−2.0797
273	33.744	−9.5798	24.872	−0.0964
289	32.989	−15.067	21.309	1.275
305	26.075	−9.3934	11.677	14.636
321	15.307	−3.4685	4.373	14.245
337	10.421	−4.1937	2.2591	8.2047
353	8.4955	−5.7683	−4.0639	16.737

① 从 2013 年 1 月 1 日开始算起，每隔 16d 对应在该年的第几天。

（3）土壤湿度等级分布图。根据式（5.11），代入表 5.1 中的干边和湿边方程系数，分别计算不同时间各像元的 TVDI 值，以 TVDI 值作为不同土壤湿度分级指标，将土壤湿度划分为 5 级，分别是：极湿润（$0 < TVDI < 0.2$），湿润（$0.2 < TVDI < 0.4$），正常（$0.4 < TVDI < 0.6$），干旱（$0.6 < TVDI < 0.8$）和极干旱（$0.8 < TVDI < 1$）。由此可得到 2013 年 12 个月每 16d 的大沽河流域土壤湿度分布图（图 5.7），图 5.7 中深灰色区域为地表温度无值（例如有云覆盖）或奇异值区，在计算中剔除。

（a）1 月 1 日　　　（b）1 月 17 日　　　（c）2 月 2 日　　　（d）2 月 18 日　　　（e）3 月 6 日

（f）3 月 22 日　　　（g）4 月 7 日　　　（h）4 月 23 日　　　（i）5 月 9 日　　　（j）5 月 25 日

（k）6 月 10 日　　　（l）6 月 26 日　　　（m）7 月 12 日　　　（n）7 月 28 日　　　（o）8 月 13 日

（p）8 月 29 日　　　（q）9 月 14 日　　　（r）9 月 30 日　　　（s）10 月 16 日　　　（t）11 月 1 日

图 5.7（一）　大沽河流域 2013 年每 16d 的土壤湿度等级分布图（遥感估算结果）

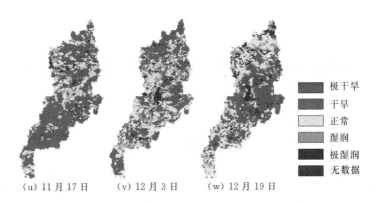

(u) 11 月 17 日　　　(v) 12 月 3 日　　　(w) 12 月 19 日

图 5.7（二）　大沽河流域 2013 年每 16d 的土壤湿度等级分布图（遥感估算结果）

　　从图 5.7 中可以看出，大沽河流域土壤湿度时间、空间分布均具有不均匀性。从 2013 年 2 月中旬开始，流域中南部土壤出现干旱甚至极干旱等级，4月下旬到 5 月底流域绝大部分地区（包括北部山区）均出现不同程度的旱情，6 月初旱情才得以缓解。结合当地气象资料，2013 年 5 月 27 日流域的大降雨可以解释这一变化。7 月，流域土壤湿度较大，7 月 13—28 日的土壤湿度分布图中，绝大部分地区为湿润等级，这些与 7 月流域降水丰富有着密切联系。与研究中降水估算的 7 月流域平均降水量超过 200mm 相吻合（表 4.1）。9 月底至 10 月中上旬，流域东部地区土壤湿度较小，而中西部土壤湿度多为正常或湿润等级。11 月中旬，流域内干旱及以上等级的土壤分布面积超过流域总面积 50%，流域南北部均有分布。12 月虽然降水较少，但蒸散量也相对小，因此旱情较 11 月中旬有所缓解，干旱区主要分布在流域中部地区。

第6章 大沽河流域径流量估计

6.1 径 流

对于范围很大的流域来讲，其汇水面积大、调蓄功能强，往往表现出比较稳定的径流特征，可以通过高精度遥感监测河流断面的水面宽度，再结合断面测量及流速测量成果，计算断面流量。

对于大沽河这样的小流域而言，径流特性表现为峰高，但峰形尖瘦。由于断面流量有限，因此在水面宽度变化上并不明显，加之库渠及河道对径流的调蓄作用，很难利用遥感来进行流量监测。不过，可以利用降雨、蒸发的遥感数据，大致确定流量范围。

径流是指降水所形成的，沿着流域地面和地下向河川、湖泊、水库、洼地等流动的水流。其中，沿着地面流动的水流称为地面径流或地表径流；沿土壤岩石孔隙流动的水流称为地下径流；汇集到河流后，在重力作用下沿河床流动的水流称为河川径流。径流因降水形式和补给来源的不同，可分为降雨径流和融雪径流，大沽河以降雨径流为主。

6.1.1 流域内径流形成过程

流域内，自降雨开始到水流汇集到流域出口断面的整个物理过程为径流形成过程。

流域产流过程：降雨开始后，除少量直接降落在河面上形成径流外，一部分滞留在植物枝叶上，最终耗于蒸发。落到地面的雨水将向土中下渗，当降雨强度小于下渗强度时，雨水将全部渗入土中；当降雨强度大于下渗强度时，雨水按下渗能力下渗，超出下渗的雨水形成地面积水，积蓄于地面上大大小小的坑洼，最终消耗于蒸发和下渗。随着降雨持续进行，满足了填洼的地方开始产生地面径流。下渗到土中的水分，首先被土壤吸收，使包气带土壤含水量不断增加，达到田间持水量后，下渗趋于稳定。继续下渗的雨水，沿着土壤孔隙流动，一部分会从坡侧土壤孔隙流出，注入河槽形成径流；另一部分会继续向深处下渗，到达地下水面后，以地下水的形式补给河流。

流域汇流过程：流域汇流过程可以分为坡地汇流过程和河网汇流过程。

（1）坡地汇流分为以下 3 种情况。

1）超渗雨满足了填洼后产生的地面净雨沿坡面流到附近河网的坡面漫流。坡面漫流是由无数股彼此时分时合的细小水流所组成，通常没有明显的固定沟槽，雨强很大时可形成片流。坡面漫流的流程较短，一般不超过数百米，历时亦短。地面净雨经坡面漫流注入河网，形成地面径流。大雨时地面径流是构成河流流量的主要来源。

2）表层流净雨沿坡面侧向表层土壤孔隙流入河网，形成表层流径流。表层流流动比地面径流慢，到达河槽也较迟，但对历时较长的暴雨，数量可能很大，成为河流流量的主要组成部分。表层流与地面径流有时能相互转化，例如，在坡地上部渗入土中流动的表层流，可在坡地下部流出，以地面径流形式流入河槽；部分地面径流也可能在坡面漫流过程中渗入土壤中流动成为表层流。这就是实际工作中把表层流归入地面径流的原因。

3）地下净雨向下渗透到地下潜水面或深层地下水体后，沿水力坡度最大的方向流入河网。深层地下水汇流很慢，所以降雨以后，地下水流可以维持很长时间，较大河流可以终年不断，是河川的基本径流。

（2）河网汇流过程指各种成分径流经坡地汇流注入河网，从支流到干流，从上游向下游，最后流出流域出口断面。坡地水流进入河网后，使河槽水量增加，水位升高。在涨水段，由于河槽储蓄一部分水量，所以对任一河段，下断面流量总小于上断面流量。随降雨和坡地漫流量的逐渐减少直至完全停止，河槽水量减少，水位降低。

总之，一次降雨过程，经植物截留、下渗、填洼、蒸发等损失，进入河网的水量比降雨量少，且经过坡地汇流和河网汇流，使出口断面的径流过程远比降雨过程变化缓慢，历时亦长，时间滞后。

上述的理论分析和实践经验均表明，降水与径流之间存在着成因规律。但由于影响水文现象的因素错综复杂，降水与径流之间并不是完全相关关系。

6.1.2 大沽河流域径流量特征

（1）径流量的年际变化。大沽河径流以降水补给为主，年际变化幅度较大。从大沽河月平均流量表可以看出，最大年径流量与最小年径流量的比值相差很大，年径流量还出现丰枯交替现象，常伴随连续丰水或枯水的情况，见表6.1和表6.2。

表 6.1　　　　　　　　　大沽河南村站年径流量统计表

项目	径流量/万 m³	备注
最大值	301867	1964 年
最小值	968	1968 年
平均值	45313.1	

表6.2　　　　　　　　　　　大沽河南村站月平均流量一览表　　　　　　　单位：m³/s

月份\年份	1	2	3	4	5	6	7	8	9	10	11	12
1951							967.30	3545.90	233.80	149.70	106.00	95.70
1952	86.20	73.20	53.30	25.80	12.80	246.50	420.10	546.60	736.00	699.20	376.20	299.00
1953	78.20	135.32	185.48	41.95	369.24	822.46	4379.00	8413.10	573.56	395.38	297.67	161.11
1954	106.03	103.07	117.43	63.57	146.76	71.67	316.16	3290.97	2350.86	305.90	184.94	145.99
1955	81.27	114.82	107.28	43.04	17.62	172.38	8468.10	632.88	2302.02	244.10	152.66	135.73
1956	62.39	84.86	272.60	106.56	116.74	1286.05	1443.38	1894.40	4248.00	232.08	174.64	110.36
1957	80.40	54.48	211.59	92.86	35.30	139.26	6863.51	1099.90	223.43	84.87	77.62	85.55
1958	35.04	94.77	73.00	11.06	0.24	0.20	909.65	576.91	691.32	265.76	147.25	14.13
1959	1.03	3.07	2.09	63.01	28.06	165.00	1485.75	513.02	2555.12	319.12	232.12	94.94
1960	61.14	1.96	1.95	264.97	116.13	628.52	6356.00	3573.50	672.50	273.84	248.13	316.06
1961	217.90	305.84	479.90	320.43	173.75	323.21	628.20	1274.30	2667.00	530.20	1293.36	839.90
1962	317.89	262.63	459.41	102.19	196.39	173.97	3699.99	7915.50	2970.20	875.50	672.10	452.95
1963	210.56	237.17	309.28	865.40	645.82	529.70	2068.96	2210.50	746.60	302.81	207.27	136.98
1964	326.69	247.15	224.87	301.59	314.90	194.38	9732.00	11406.00	7924.10	1401.50	429.40	258.77
1965	188.86	159.39	131.24	153.01	273.80	433.80	4290.73	8613.20	553.12	175.06	140.86	83.41
1966	80.03	65.29	81.09	26.34	27.99	463.89	841.04	1064.24	288.71	114.13	3.37	14.29
1967	1.06	20.81	44.00	21.35	142.89	148.69	1092.91	1193.46	108.11	10.64	0.00	0.00
1968	0.00	0.00	0.00	0.00	98.24	130.47	105.01	22.87	0.00	0.00	0.00	0.00
1969	0.00	0.00	74.95	75.20	66.91	37.10	239.53	464.70	119.91	88.47	8.09	0.00
1970	0.00	0.00	0.00	0.00	40.25	6.71	3321.88	1952.83	1899.90	362.69	185.53	146.52
1971	123.53	48.37	181.70	65.95	193.19	304.04	2452.20	4926.10	1698.40	408.63	116.04	148.13
1972	58.66	91.33	96.39	73.07	166.35	119.42	406.07	178.25	305.64	84.13	53.80	50.17
1973	57.91	54.64	10.77	4.06	185.05	55.55	282.55	471.63	1221.44	277.49	113.96	84.98
1974	71.77	47.73	39.00	35.18	48.70	133.92	1092.72	3809.90	236.70	298.07	122.45	116.23
1975	112.72	97.68	21.56	69.97	90.47	91.08	1306.04	4185.38	1397.95	721.55	862.00	316.28
1976	182.78	146.95	115.55	60.38	102.17	430.50	1554.50	3312.20	1391.75	585.00	247.31	164.24
1977	75.97	37.40	12.31	15.37	63.33	20.34	222.26	542.31	34.05	39.73	59.78	55.61
1978	58.64	38.50	55.94	49.98	19.32	0.00	476.72	1061.03	377.26	45.24	31.10	23.28
1979	7.63	4.15	3.10	38.91	44.25	541.05	597.63	2857.98	46.47	29.70	0.15	2.80
1980	4.44	0.87	1.14	31.74	0.00	187.25	139.77	151.02	53.03	7.28	7.73	0.00
1981	126.00	271.00	530.46	734.82	1282.25	1797.25	5521.28	3193.28	2416.28	607.91	7.00	50.00

续表

月份 年份	1	2	3	4	5	6	7	8	9	10	11	12
1982	47.00	57.00	310.51	1610.05	2309.24	2615.24	2948.57	10622.94	814.57	845.03	270.00	222.00
1983	63.00	57.00	373.10	385.41	1447.91	1478.91	5857.51	4444.51	1206.51	313.21	26.00	3.00
1984	4.00	3.00	75.45	452.80	549.55	619.55	732.25	1984.25	711.25	169.90	61.00	58.00
1985	0.00	11.00	174.45	736.81	1641.23	1623.23	1738.26	67780.62	18431.70	1620.72	56.47	109.00
1986	120.00	10.00	186.61	649.71	1115.83	434.98	11626.47	12729.01	1274.55	668.35	174.29	61.48
1987	74.10	83.00	183.55	1163.39	2056.10	3288.10	2305.74	3655.88	5598.91	1107.09	68.40	66.04
1988	18.38	18.43	425.83	622.38	1286.24	1227.80	6939.05	3369.97	1528.37	454.95	173.96	136.78
1989	82.80	85.50	521.28	665.22	1071.71	1066.51	4935.28	2643.39	1173.39	604.16	136.60	0.00
1990	34.20	6.20	121.98	577.50	882.87	910.17	28986.39	31281.80	11110.45	484.55	58.30	143.40
1991	86.10	37.90	90.42	624.51	2459.33	5585.66	345.70	1104.20	1294.56	642.01	235.36	126.23
1992	22.80	103.90	309.72	623.43	1167.27	1171.33	1351.19	3108.99	5963.39	654.00	41.91	44.20
1993	45.37	66.17	230.85	472.00	812.33	1436.23	7482.89	12284.78	1055.58	518.63	367.97	34.07
1994	192.87	65.57	566.15	1066.42	1088.90	4115.10	11800.44	18983.77	3574.79	801.94	423.33	471.57
1995	71.57	40.57	319.30	857.88	1223.93	906.63	1280.21	36606.17	8281.15	589.33	195.47	89.87
1996	229.13	108.43	387.20	1204.98	1652.45	2842.19	33554.54	12207.22	1805.94	810.96	130.63	206.53
1997	178.97	358.27	533.24	840.97	1551.59	1060.59	1625.74	29255.07	1905.08	412.92	42.47	171.67
1998	37.05	49.75	326.11	808.99	1013.92	4384.75	5263.29	24887.13	3010.25	727.97	247.45	76.15
1999	98.60	66.80	318.45	831.49	1809.31	2149.51	1845.24	12281.78	2973.74	844.80	73.20	150.30
2000	137.30	146.65	114.64	339.00	17.30	1919.55	4323.27	3402.12	212.01	488.73	176.05	63.15
2001	0.00	0.00	742.44	2474.80	4083.42	4207.16	3766.00	22130.00	0.00	866.18	0.00	0.00
2002	0.00	0.00	0.00	0.00	393.50	0.00	1055.88	1170.53	0.00	0.00	0.00	5.92
2003	0.00	0.00	2289.12	9890.62	13875.79	12971.68	0.00	27587.52	16614.72	3302.74	0.00	0.00
2004	0.00	0.00	0.00	0.00	0.00	0.00	11590.31	12013.70	3918.07	0.00	0.00	0.00
2005	0.00	0.00	88.38	294.60	486.10	500.83	10393.83	9932.56	7290.95	1942.02	0.00	0.00
2006	0.00	0.00	66.63	266.52	377.57	377.57	333.15	333.15	333.15	133.26	0.00	0.00
2007	0.00	0.00	2212.26	7374.20	12167.43	12536.14	1159.75	17436.38	13167.36	2580.97	0.00	0.00
2008	18.30	16.53	807.08	806.49	994.88	2821.35	41087.60	21397.36	9080.94	619.27	17.71	18.30
2009	6.34	5.73	1167.94	1167.74	1444.52	891.17	4278.57	1208.00	6.14	891.37	6.14	6.34
2010	1519.06	1372.05	1567.35	1518.35	1578.85	1506.85	4329.49	2062.79	5734.23	1555.85	1470.06	1519.06
2011	229.17	206.99	1599.37	1591.98	1925.61	1265.74	1851.97	8324.58	15243.45	3374.97	221.78	229.17
2012	45.37	66.17	230.85	472.00	812.33	1436.23	7482.89	12284.78	1055.58	518.63	367.97	34.07
2013	192.87	65.57	566.15	1066.42	1088.90	4115.10	11800.44	18983.77	3574.79	801.94	423.33	471.57

（2）径流量的年内分配。由于河流径流的补给来源依靠大气降水，导致径流量年内变化也很大。汛期洪水暴涨暴跌，易形成水灾；枯水期径流量很小，甚至断流。汛期（每年6—9月）径流量占全年径流量的76%；最大月份出现在7月、8月，占全年平均径流量的57%；枯水期一般在10月至次年5月，仅占全年径流量的23%，见图6.1和图6.2。

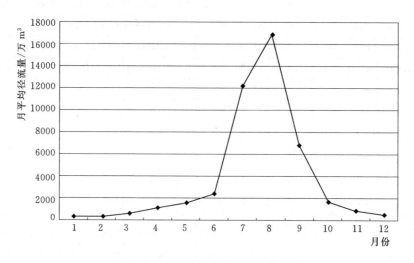

图6.1 南村站月平均径流量折线图

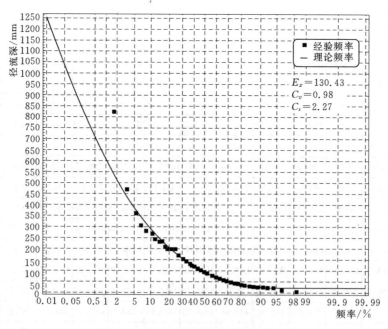

图6.2 大沽河流域径流深频率曲线

6.2 降水与径流间的相关性

由表 6.2 可知，南村站月平均流量在 2001 年以后出现了多次为 0 的情况，这与大沽河修建水库及河道整治、1980 年以后重点测量丰水期流量有关，人类活动对大沽河降雨径流的影响已不能忽略。

以大沽河流域 1959—2012 年降水、径流资料，绘制相关关系见图 6.3。

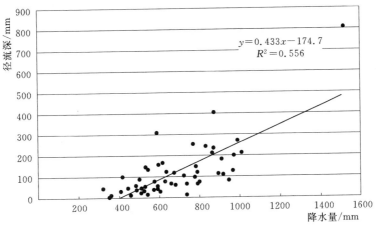

图 6.3 大沽河流域年降水量和年径流深相关图

从图 6.3 可以看出，大沽河流域年降水量和年径流深之间具有比较好的正相关关系。

为了进一步确定降水量与径流深之间的关系，选择大沽河流域汛期（6—9月）多年实测数据，建立相关图（图 6.4～图 6.7）。

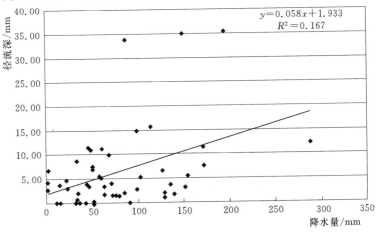

图 6.4 大沽河流域 6 月降水量和径流深相关图

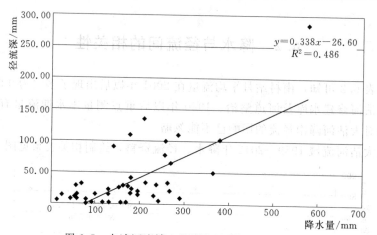

图 6.5　大沽河流域 7 月降水量和径流深相关图

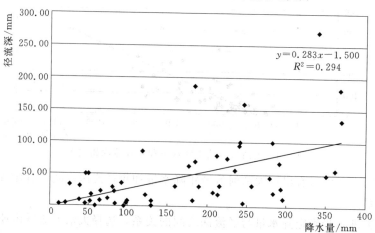

图 6.6　大沽河流域 8 月降水量和径流深相关图

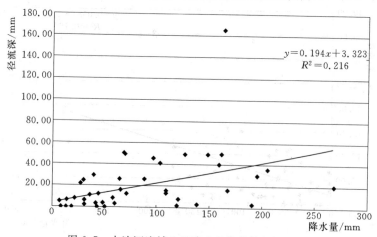

图 6.7　大沽河流域 9 月降水量和径流深相关图

图 6.4～图 6.7 说明，丰水季节的月降水量与径流量之间存在一定的相关关系，若假定某个月的月降水量，则可以利用对应的相关关系，来估算出相应的径流量。

6.3 利用遥感数据资料进行流量预报

6.3.1 年降水量、蒸发量与径流量

笔者在项目研究时利用遥感数据解译了流域蒸发量（详见第 3 章）和降雨量（详见第 4 章），见表 6.3 和表 6.4。为了验证遥感解译成果的合理性，将解译数据与实测流量数据建立相关关系，见图 6.8。

表 6.3　　　　　　　大沽河流域 2013 年逐月降水解译成果　　　　单位：mm

月份	1	2	3	4	5	6	7	8	9	10	11	12
降水量	10.81	12.06	13.94	11.16	107.96	94.48	294.28	53.35	37.09	6.89	3.67	0.11
方差	5.84	7.90	7.50	6.37	55.90	51.02	162.75	29.10	22.58	5.10	2.97	0.68

表 6.4　　　　　大沽河流域 2005—2014 年流域蒸发量解译成果

月份＼年份	1	2	3	4	5	6	7	8	9	10	11	12	全年
2005	22.05	23.01	33.04	36.35	52.58	67.8	93.6	113.5	71.88	37.81	33.31	21.95	606.88
2006	23.44	21.64	30.56	34.56	50.74	69.49	92.84	102.09	58.37	37.14	33.82	21.29	575.98
2007	21.37	18.91	26.12	36.02	46.38	67.67	95.79	111.75	71.81	47.7	36.37	23.78	603.79
2008	25.74	19.67	34.79	43.3	67.75	73.01	105.25	118.61	66.22	37.46	32.56	20.18	644.54
2009	20.49	20.66	33.80	38.87	52.79	64.18	87.51	105.41	56.89	31.84	25.63	23.21	561.28
2010	23.25	24.64	39.50	33.88	54.39	72.01	87.86	101.1	70.99	39.1	30.61	19.66	596.99
2011	19.31	20.27	28.52	30.94	46.43	64.37	81.48	105.94	59.93	36.93	21.12		560.04
2012	22.8	20.7	35.23	45.05	61.76	65.76	89.59	107.06	68.65	37.29	34.02	20.97	608.88
2013	24.29	25.49	35.02	45.00	60.11	72.81	92.94	110.02	59.93	33.23	33.2	24.55	616.59
2014	22.71	20.67	31.15	42.00	48.93	63.49	78.01	100.19	67.52	38.47	34.55	19.86	567.55

6.3.2 月降水量与径流深

从图 6.9～图 6.12 可以看出，用遥感解译的月降水量与径流深相关图，与实测数据相对比，6 月、8 月的结果偏小，7 月、9 月的结果偏大，但都在趋势线附近，说明遥感解译结果在一定范围内是可靠的，可以用其值来预报径流量。

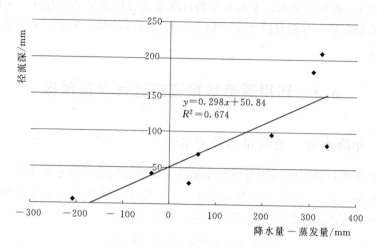

图 6.8　实测数据与遥感解译数据对比（时间单位为年）

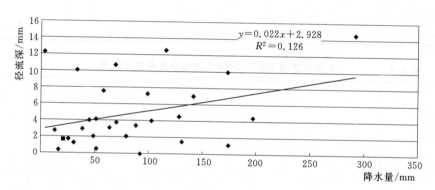

图 6.9　实测数据与遥感解译数据对比（6 月）

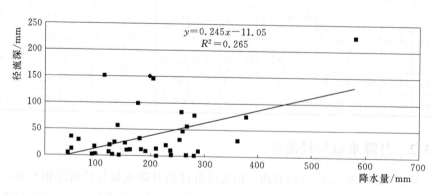

图 6.10　实测数据与遥感解译数据对比（7 月）

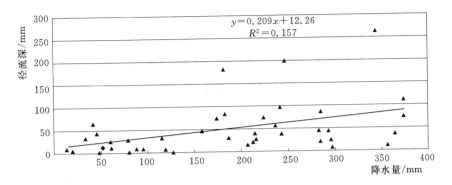

图 6.11 实测数据与遥感解译数据对比（8 月）

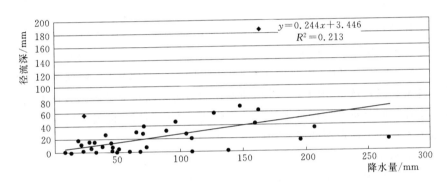

图 6.12 实测数据与遥感解译数据对比（9 月）

第7章 大沽河流域土地利用动态监测

　　运用遥感技术进行土地利用现状调查以及动态监测，以摸清土地的数量、分布状况及变化，是遥感应用中最早、研究最多的一项基础性工作。通过对遥感影像的解译可以迅速了解土地的数量、类型、分布及其动态变化的情况，为土地的科学管理、合理利用提供依据。随着数据获取和处理技术的不断进步和完善，遥感技术在国土资源调查领域中应用越来越广。从最初的航空相片到NOAA/AVHRR、Landsat-5/TM、Landsat-7/ETM+、SPOT、MODIS数据、Landsat-8/OLI以及现在的QUICKBIRD、GEOEYE数据等，空间分辨率越来越高，从最初的单一时相到现在的多时相以及卫星遥感数据的结合应用，也让时间分辨率变得越来越高，相应地，人们利用不断发展的遥感技术已经做了大量的土地资源的研究和应用工作。

　　土地利用动态变化的研究可以在多种空间尺度上开展，主要包括全球尺度、国家尺度和区域尺度。低空间分辨率的数据（例如AVHRR、MODIS）常常用于制作全球或者国家尺度的宏观数据集。其典型代表数据集包括IG-BP（国际地圈生物圈计划）成立的土地覆盖工作组制作的利用1992年4月到1993年3月的AVHRR数据开发出的1km分辨率全球土地覆盖数据集；马里兰大学基于AVHRR制作的UMD数据；欧洲空间局利用Envisat卫星数据制作了空间分辨率为300m的2009年全球土地覆盖数据和2005—2006全球土地覆盖数据集ESA GlobCover。在国家尺度上，中国科学院组织实施的中国2000年1∶10万土地覆盖数据，对其进行合并、矢栅转换（面积最大法），最后得到全国幅采用中国科学院资源环境分类系统的1km的土地利用数据产品。在区域尺度上，各国都做了众多的研究，尤其是在典型区域的重点研究，如中国的学者在鄱阳湖流域、长江流域、黄土高原农牧交错带、青藏高原及沿海城市做了较多的研究，对这些区域的土地利用方式提供了宝贵的建议。

　　MODIS是搭载在Terra和Aqua卫星上的一个重要的传感器，是卫星上唯一将实时观测数据通过X波段向全世界直接广播，并可以免费接收数据和无偿使用的星载仪器，全球许多国家和地区都在接收和使用。由于MO-DIS数据空间分辨率、时间分辨率、光谱分辨率相对于之前的传感器有较大

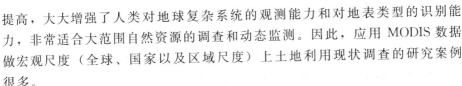

提高，大大增强了人类对地球复杂系统的观测能力和对地表类型的识别能力，非常适合大范围自然资源的调查和动态监测。因此，应用 MODIS 数据做宏观尺度（全球、国家以及区域尺度）上土地利用现状调查的研究案例很多。

本书中的研究就是区域尺度上土地利用调查的一个典型案例，该案例对于我国大面积的土地利用及更新调查、动态监测以及 MODIS 数据的推广应用都具有借鉴意义，不仅能获得较为准确的宏观土地利用数据，更能节省大量的人力和物力。

研究目标在于探索 MODIS 数据的大尺度适时提取宏观土地利用/土地覆盖信息的方法与过程，验证基于 MODIS 数据的宏观土地利用/土地覆盖分类方法的可行性。研究内容是利用 MODIS 遥感数据对土地利用/土地覆盖进行分类，探索 MODIS 数据各分类特征在土地利用/土地覆盖分类研究中的影响。以青岛市大沽河流域为研究区，选取各类土地利用/土地覆盖类型训练样本，针对不同的属性与土地覆盖类型选取不同的分类特征参量与分类方法，力求将研究区域内的整体分类精度提高到较理想的水平。

研究中对土地利用/土地覆盖的分类是在 MODIS 土地覆盖产品 MCD12Q1 基础上加工而成，通过修改分类系统以提高其分类精度，并据此判读不同时期研究区域 MODIS 数据的土地利用/土地覆盖情况，对所得结果进行变化检测，最终得到该研究区域近 10 年内土地利用/土地覆盖的变化结果以及精度评价。

7.1 研究数据及预处理

研究利用 MODIS 数据分析大沽河流域土地利用/土地覆盖变化。

研究采用的 MODIS 数据为 MCD12Q1，可从 NASA 网站（https://lpdaac.usgs.gov/products/modis_products_table/mcd12q1）下载获得。

该数据为 MODIS 三级数据土地覆盖类型产品（land cover data），它是根据一年的 Terra 和 Aqua 观测所得的数据经过处理，用来描述土地覆盖类型。该土地覆盖数据集中包含了 17 个主要土地覆盖类型，根据国际地圈生物圈计划（IGBP），其中包括 11 个自然植被类型，3 个土地开发和镶嵌的地类和 3 个非草木土地类型定义类。

MODIS Terra+ Aqua 三级土地覆盖类型年度全球 500m 产品 MCD12Q1 采用 5 种不同的土地覆盖分类方案，信息提取主要技术是监督决策树分类。以下是该数据中包含的 5 个数据集，5 个分类方案如下：

- 土地覆盖分类 1：IGBP 的全球植被分类方案。

- 土地覆盖分类2：美国马里兰大学（UMD格式）方案。
- 土地覆盖分类3：基于MODIS叶面积指数/光合有效辐射方案。
- 土地覆盖分类4：基于MODIS衍生净初级生产力（NPP）方案。
- 土地覆盖分类5：植物功能型方案（PFT）。

研究采用的数据集为土地覆盖分类5，其分类标准见表7.1。

表7.1　　　　　　　　　土地覆盖分类5具体分类标准

类别	PFT（分类5）	类别	PFT（分类5）
0	水体	7	谷物作物
1	常绿针叶林	8	宽叶作物
2	常绿阔叶林	9	城镇与建成区
3	落叶针叶林	10	冰雪
4	落叶阔叶林	11	裸地或稀疏植被区
5	灌木	254	未分类

研究共选用了2001年、2004年、2007年、2012年的数据，图7.1为各年份的图像重新归类的结果。

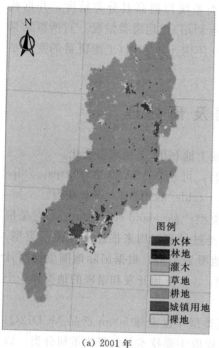

（a）2001年

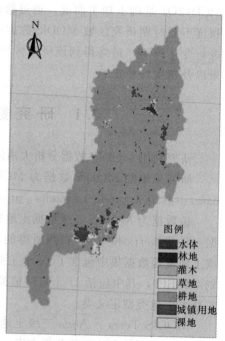

（b）2004年

图7.1（一）　大沽河流域土地利用/土地覆盖图

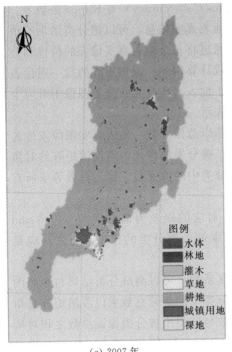

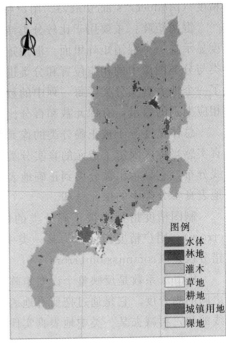

(c) 2007 年　　　　　　　　　(d) 2012 年

图 7.1（二）　大沽河流域土地利用/土地覆盖图

7.2　分　类　精　度　评　价

7.2.1　土地利用/土地覆盖分类精度定量评价

精度评价是土地利用/土地覆盖遥感分类的重要步骤，通过精度评价验证分类的可信度，能够客观、科学、可靠、定量地对分类精度进行分析。研究实现了基于 MODIS 数据的青岛大沽河流域土地利用/土地覆盖分类，其中包括耕地、草地、裸地、水体、灌木、林地、城市用地等土地利用/土地覆盖类型（土地利用/土地覆盖分类结果见图 7.1）。选取 2001 年、2004 年、2007 年、2012 年的 MODIS 数据土地利用/土地覆盖分类结果进行精度验证与评价分析。

7.2.2　基于混淆矩阵的精度评价

在现有研究中，衡量遥感分类精度最常用的方法是由 Congalton 提出的误差矩阵（error matrix），也称混淆矩阵（confusion matrix），它是一种用于表示精度评价的标准格式，基本评价指标有总体精度（overall accuracy）、制图

83

精度（producer's accuracy）、用户精度（user's accuracy）与 Kappa 系数等。

混淆矩阵：主要用于比较分类结果和地表真实信息，可以把分类结果的精度显示在一个混淆矩阵里面。混淆矩阵是通过将每个地表真实像元的位置和分类与分类图像中的相应位置和分类进行比较计算得到。混淆矩阵的每一列代表了一个地表真实分类，每一列中的数值等于地表真实像元在分类图像中对应于相应类别的数量，有像元数和百分比两种表示。

总体精度等于被正确分类的像元总和除以总像元数，地表真实图像或地表真实感兴趣区限定了像元的真实分类。被正确分类的像元沿着混淆矩阵的对角线分布，它显示出被分类到正确地表真实分类中的像元数。像元总数等于所有地表真实分类中的像元总和。

制图精度指某类被正确分类的概率，对应的误差为漏分误差（omission errors）；用户精度指被分为某一类中的像素被正确分类的比率，与之对应是错分误差（commission errors）。

Kappa 系数是反映整个误差矩阵的精度系数，可以测试分类结果与参照图之间的吻合度。它是通过把所有地表真实分类中的像元总数乘以混淆矩阵对角线的和，再减去某一类中地表真实像元总数与该类中被分类像元总数之积对所有类别求和的结果，再除以总像元数的平方差减去某一类中地表真实像元总数与该类中被分类像元总数之积对所有类别求和的结果所得到的，其计算公式为

$$K = \frac{N\sum\limits_{i=1}^{r} x_{ii} - \sum\limits_{i=1}^{r}(x_{i+}x_{+i})}{N^2 - \sum\limits_{i=1}^{r}(x_{i+}x_{+i})}$$

(7.1)

式中：K 为 Kappa 系数；r 为误差矩阵的列数（即总类别数）；x_{ii} 为误差矩阵第 i 行 i 列的像元数；x_{i+} 和 x_{+i} 分别为分类误差矩阵的总行数及总列数；N 为采样总数。

分别对 2001 年、2004 年、2007 年、2012 年的青岛大沽河流域土地利用/土地覆盖分类结果选取验证点（验证点分布图见图 7.2）做

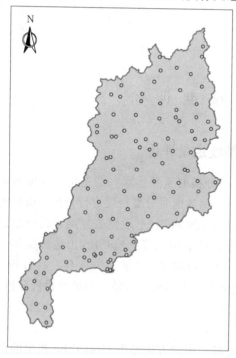

图 7.2 2012 年大沽河流域数据
验证选点分布图

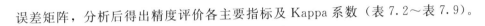

误差矩阵，分析后得出精度评价各主要指标及 Kappa 系数（表 7.2～表 7.9）。

表 7.2　　　 2001 年大沽河流域土地利用/土地覆盖分类精度误差矩阵

LU/LC	地面点数据/像元							
	水体	林地	灌木	草地	耕地	城镇用地	裸地	合计
水体	5	0	1	1	0	0	0	7
林地	0	4	0	0	0	0	0	4
灌木	0	0	3	0	1	0	0	4
草地	0	0	0	8	1	2	1	12
耕地	0	0	5	6	35	7	2	55
城镇用地	0	1	1	0	0	12	0	14
裸地	0	0	0	0	0	0	3	3
合计	5	5	10	15	37	22	6	99

表 7.3　　　 2001 年大沽河流域土地利用/土地覆盖分类精度评价

分类类别	错分误差/%	漏分误差/%	生产精度/%	用户精度/%
水体	28.57	0.00	100.00	71.43
林地	0.00	25.00	75.00	100.00
灌木	25.00	72.73	27.27	75.00
草地	33.33	46.67	53.33	66.67
耕地	36.36	5.41	94.59	63.64
城镇用地	14.29	45.45	54.55	85.71
裸地	0.00	60.00	40.00	100.00

总体精度＝68/99＝68.6869%

Kappa 系数＝0.5724

表 7.4　　　 2004 年大沽河流域土地利用/土地覆盖分类精度误差矩阵

LU/LC	地面点数据/像元							
	水体	林地	灌木	草地	耕地	城镇用地	裸地	合计
水体	6	0	0	0	0	0	1	7
林地	0	2	0	0	0	0	0	2
灌木	0	0	1	0	0	0	0	1
草地	0	2	0	5	0	0	0	7
耕地	2	0	1	8	37	11	3	62
城镇用地	0	0	0	0	0	12	0	12
裸地	2	0	2	0	0	0	5	9
合计	10	4	4	13	37	23	9	100

表 7.5　　　2004 年大沽河流域土地利用/土地覆盖分类精度评价

分类类别	错分误差/%	漏分误差/%	生产精度/%	用户精度/%
水体	14.29	40.00	60.00	85.71
林地	0.00	50.00	50.00	100.00
灌木	0.00	75.00	25.00	100.00
草地	28.57	61.54	38.46	71.43
耕地	40.32	0.00	100.00	59.68
城镇用地	0.00	47.83	52.17	100.00
裸地	44.44	44.44	55.56	55.56

总体精度＝68/100＝68.0000%

Kappa 系数＝0.5541

表 7.6　　　2007 年大沽河流域土地利用/土地覆盖分类精度误差矩阵

LU/LC	地面点数据/像元							
	水体	林地	灌木	草地	耕地	城镇用地	裸地	合计
水体	8	0	1	0	0	0	2	11
林地	1	4	0	0	0	0	0	5
灌木	0	0	4	0	0	0	0	4
草地	1	0	0	4	0	2	0	7
耕地	1	1	1	8	36	9	0	56
城镇用地	0	0	0	2	0	9	0	11
裸地	2	1	0	1	0	0	1	5
合计	13	6	6	13	38	20	3	99

表 7.7　　　2007 年大沽河流域土地利用/土地覆盖分类精度评价

分类类别	错分误差/%	漏分误差/%	生产精度/%	用户精度/%
水体	22.22	46.15	53.85	77.78
林地	20.00	33.33	66.67	80.00
灌木	0.00	33.33	66.67	100.00
草地	42.86	69.23	30.77	57.14
耕地	35.71	5.26	94.74	64.29
城镇用地	18.18	55.00	45.00	81.82
裸地	80.00	66.67	33.33	20.00

总体精度＝65/99＝65.6566%

Kappa 系数＝0.5309

表 7.8　　　2012 年大沽河流域土地利用/土地覆盖分类精度误差矩阵

LU/LC	地面点数据/像元							
	水体	林地	灌木	草地	耕地	城镇用地	裸地	合计
水体	8	0	0	0	0	0	1	9
林地	0	2	0	0	0	0	0	2
灌木	0	0	2	0	0	0	0	2
草地	0	1	2	5	0	0	0	8
耕地	0	1	0	4	40	11	1	57
城镇用地	0	0	0	0	0	9	0	9
裸地	5	0	0	0	0	0	4	9
合计	13	4	4	9	40	20	6	96

表 7.9　　　2012 年大沽河流域土地利用/土地覆盖分类精度评价

分类类别	错分误差/%	漏分误差/%	生产精度/%	用户精度/%
水体	11.11	38.46	61.54	88.89
林地	0.00	50.00	50.00	100.00
灌木	0.00	50.00	50.00	100.00
草地	37.50	44.44	55.56	62.50
耕地	29.82	0.00	100.00	70.18
城镇用地	0.00	60.00	40.00	100.00
裸地	55.56	33.33	66.67	44.44

总体精度＝69/96＝71.8750%

Kappa 系数＝0.6023

从大沽河流域土地利用/土地覆盖分类图中，研究区内各种土地利用/土地覆盖的空间分布来看，地类分布集中的区域其分类准确程度较高，但土地利用/土地覆盖复杂，地块中存在多种地类交错分布的情况，容易造成误分、漏分现象。精度评价表明，基于 MODIS 数据的大沽河流域土地利用/土地覆盖分类结果较为准确。

7.3　变化监测分析及结论

变化检测是从不同时期的遥感数据中定量分析和确定地表变化的特征与过程；遥感变化检测是一个确定和评价各种地表现象随时间发生变化的过程；遥感变化检测是遥感瞬时视场中地表特征随时间发生的变化引起两个时期影像像

元光谱响应的变化。

选取土地利用/土地覆盖变化范围较大的 4 个年份（2001 年、2004 年、2007 年、2012 年）的数据做监测分析。借助 ENVI 4.8 软件中的 change detection 功能实现，并统计变化结果，见表 7.10～表 7.12，表中的列数据表示初始年份的各种类别的面积，行数据表示终止年份的数据。表 7.10 中，2001 年水体为 28.75km²，其中 5.65km² 在 2004 年改变为其他类别，2004 年水体面积达到 33.37km²，其中 23.1km² 自 2001 年保持不变，而其他的 10.27km² 由其他类别转化而来。

表 7.10　　　　　大沽河流域 2001 年与 2004 年变化监测结果统计

面积/km² 类别 \ 类别	水体	林地	灌木	草地	耕地	城镇用地	裸地	合计
水体	23.10	0.77	2.05	2.31	2.31	0.00	2.82	33.37
林地	0.00	0.77	1.28	1.80	1.28	0.00	1.28	6.42
灌木	0.00	0.00	0.51	3.59	0.77	0.00	0.00	4.88
草地	0.26	0.00	6.67	39.28	37.48	0.00	0.26	83.95
耕地	0.26	1.03	22.33	116.30	5848.39	0.00	1.28	5989.58
城镇用地	0.00	0.00	0.00	0.00	0.00	216.42	0.00	216.42
裸地	5.13	1.54	1.80	10.78	5.13	0.00	4.36	29.01
合计	28.75	4.11	34.66	174.06	5895.37	216.42	10.01	0.00
变化量	5.65	3.34	34.14	134.78	46.98	0.00	5.65	0.00

表 7.11　　　　　大沽河流域 2004 年与 2007 年变化监测结果统计

面积/km² 类别 \ 类别	水体	林地	灌木	草地	耕地	城镇用地	裸地	合计
水体	26.44	1.80	0.00	0.51	2.57	0.00	7.19	38.51
林地	1.03	0.51	0.26	0.26	5.90	0.00	2.57	10.53
灌木	0.00	0.00	0.77	2.82	6.93	0.00	0.51	11.04
草地	1.54	1.03	2.57	33.37	59.82	0.00	7.19	105.51
耕地	1.80	2.57	1.54	46.72	5922.06	0.00	3.85	5978.54
城镇用地	0.00	0.00	0.00	0.00	0.00	216.42	0.00	216.42
裸地	3.08	0.51	0.00	0.51	0.77	0.00	8.99	13.86
合计	33.89	6.42	5.13	84.20	5998.05	216.42	30.29	0.00
变化量	7.44	5.90	4.36	50.83	75.99	0.00	21.31	0.00

表 7.12　　　　　大沽河流域 2007 年与 2012 年变化监测结果统计

面积/km² 类别 / 类别	水体	林地	灌木	草地	耕地	城镇用地	裸地	合计
水体	26.44	1.03	0.00	1.54	1.80	0.00	3.08	33.89
林地	1.80	0.51	0.00	1.03	2.57	0.00	0.51	6.42
灌木	0.00	0.26	0.77	2.57	1.54	0.00	0.00	5.13
草地	0.51	0.26	2.82	33.37	46.72	0.00	0.51	84.20
耕地	2.57	5.90	6.93	59.82	5922.06	0.00	0.77	5998.05
城镇用地	0.00	0.00	0.00	0.00	0.00	216.42	0.00	216.42
裸地	7.19	2.57	0.51	7.19	3.85	0.00	8.99	30.29
合计	38.51	10.53	11.04	105.51	5978.54	216.42	13.86	0.00
变化量	12.07	10.01	10.27	72.14	56.48	0.00	4.88	0.00

　　根据上述统计数据可以看出，在 2001—2012 年间青岛大沽河流域的 7 种土地利用类型的面积变化情况。其中耕地面积在 12 年间总体保持稳定状态，局部时间段内有小幅度的增长和减少；水体面积、林地面积、灌木面积呈现增长趋势，且增幅较为明显；草地面积总体呈现减少趋势，局部时间段内也有增长，但增幅小于减幅；城镇用地面积保持相对稳定状态；裸地面积呈现先增长后减少的状态。

第8章　基于遥感技术的大沽河河道变迁分析与研究

河道环境在自然因素和人为因素干扰下发生变化，用常规方法很难对其进行宏观、动态、全面的研究。40多年来，青岛大沽河河道环境的变化令人瞩目，沿岸经济的发展变化是影像河道环境变化的重要因素，其变化规律很难用常规手段掌握。而遥感技术具有快速、宏观、跨时段、系统地进行大尺度调查、监测的优势，在研究河道的变化规律方面具有特殊的作用。研究大沽河河道变迁特征，进而在深层次上了解河道演变的影响因素，进一步从宏观上弄清河道演变的机理，为将来的河势控制、河道整治及岸带开发决策提供必要的依据。

8.1　研究内容及方法

河道变迁就其变化形式而言，可分为纵向变形和横向变形两类。由于缺少水文、水资源及水下地形等实测资料的支持，在此仅就河道的横向演变展开研究。因此，本章内容的关键在于河道信息的解译与提取，以获取各不同时期河道及主要支流走向的空间分布。

（1）河道特征提取。研究内容为对遥感影像上的水体、河道信息自动半自动的提取方法。由于 Landsat 系列卫星的数据在时相上覆盖范围广且容易获取，使用 Landsat MSS、TM、ETM＋及 OLI 的数据作为数据源。由于条件限制，各个年份的遥感影像获取季节并不相同，而不同时相的数据使用的传感器不同，导致影像间空间分辨率和波谱分辨率均有较大差异，因此提取河道信息的过程中无法找到适用于所有数据类型的通用方法。在分析比较现有信息提取方法的基础上，如谱间关系法、水体指数法及人机交互矢量化法等，获得从遥感影像中提取河道信息的比较方便、快捷、精确的方法。

（2）河道变迁分析。研究内容为根据提取的河道数据计算得出能有效反映河道变迁的河道特征因子，并由此分析大沽河主要河道近40年来的变迁过程、影响因素及变迁趋势。

8.2 数 据 获 取

Landsat 是世界上最长时间连续收集获取数据的中分辨率陆地卫星，40 年来为人们提供遥感数据，用于农业、地质、林业、区域规划、教育、制作地图及全球变化研究等各个领域，也同样应用于紧急响应和救灾。作为美国地质勘探局（United States Geological Survey，USGS）和国家航空航天局（National Aeronautics and Space Administration，NASA）的首个合作项目，Landsat 项目及其获取的数据为政府、商业、工业、市民、军队和教育等各个领域在美国，甚至世界的交流提供支持。

美国于 1961 年发射了第一颗试验型极轨气象卫星，20 世纪 70 年代，在气象卫星的基础上研制发射了第一代试验型地球资源卫星（Landsat - 1、Landsat - 2、Landsat - 3）。这 3 颗卫星上装有反束光导摄像机和多光谱扫描仪 MSS，分别有 3 个和 4 个谱段，分辨率为 78m。各国从卫星上接收了约 45 万幅遥感图像。

20 世纪 80 年代，美国分别发射了第二代试验型地球资源卫星（Landsat - 4、Landsat - 5）。卫星在技术上有了较大改进，平台采用新设计的多任务模块，增加了新型的专题绘图仪 TM（thematic mapper），可通过中继卫星传送数据。TM 的波谱范围比 MSS（multispectral scanner）大，每个波段范围较窄，因而波谱分辨率比 MSS 图像高，其地面分辨率为 30m（TM6 的地面分辨率只有 120m）。

20 世纪 90 年代，美国又分别发射了第三代资源卫星（Landsat - 6、Landsat - 7）。Landsat - 6 卫星是 1993 年发射的，因未能进入轨道而失败。1999 年发射了 Landsat - 7 卫星，以保持地球图像、全球变化的长期连续监测。该卫星装备了一台增强型专题绘图仪 ETM＋（enhanced thematic mapper plus），该设备增加了一个 15m 分辨率的全色波段，热红外信道的空间分辨率也提高了一倍，达到 60m。美国资源卫星每景影像对应的实际地面面积均为 185km×185km，16d 即可覆盖全球一次。

2003 年，由于 Landsat - 7 卫星扫描行矫正器（SLC）发生故障，目前只能得到有缺损的图像数据。美国地质勘探局 USGS 及国家航空航天局 NASA 于 2013 年 2 月 11 日发射了"陆地卫星数据连续性任务"卫星（landsat data continuity mission 卫星，发射后更名为 Landsat - 8）。Landsat - 8 卫星将保持 Landsat 数据的一致性，并将以优异的性能承担起长期对地观测的使命。Landsat - 8 卫星携带了 OLI（operational land imager）运营性陆地成像仪和 TIRS（thermal infrared sensor）热红外传感器，两个扫描式成像仪。Landsat - 8 卫星数据很好地延续了 Landsat 系列卫星的一贯特点，将为遥感应用的持续发展发挥重要作用。

根据研究目的,下载了研究区1973—2014年间隔约为10年的Landsat遥感数据,由于Landsat数据的分幅,一幅影像不能完全覆盖研究区域,故选择下载分幅号为120列,34行、35行的影像。又由于影像云量的限制,获取的影像时相间隔不为严格的10年。因研究区域的汛期为6—9月,故下载时优先考虑这个时段的影像。综上所述,研究所用影像的基本信息见表8.1。

表8.1　　　　　　　　　　研究区域 Landsat 数据基本信息

文件名	卫星	传感器	日期	行号	列号
LC81200342014146LGN00	Landsat-8	OLI、TIRS	2014-05-26	34	120
LC81200352014146LGN00	Landsat-8	OLI、TIRS	2014-05-26	35	120
LE71200342002265HAJ02	Landsat-7	ETM+	2002-09-22	34	120
LE71200352002265HAJ02	Landsat-7	ETM+	2002-09-22	35	120
LT51200341992262HAJ00	Landsat-5	TM	1992-09-18	34	120
LT51200351991243BJC00	Landsat-5	TM	1991-08-31	35	120
LM21290341981234AAA03	Landsat-2	MSS	1981-08-22	34	129
LM21290351981234AAA03	Landsat-2	MSS	1981-08-22	35	129
LM21290351980276HAJ00	Landsat-2	MSS	1980-10-02	35	129
LM11290341973339AAA04	Landsat-1	MSS	1973-12-05	34	129
LM11290351973339AAA04	Landsat-1	MSS	1973-12-05	35	129

8.3　数 据 预 处 理

8.3.1　辐射定标

　　辐射定标是将传感器记录的电压或数字量化值(DN)转换成绝对辐射亮度值(辐射率)的过程,或者转换为与地表(表观)反射率、表面(表观)温度有关的相对值的处理过程。按不同的要求或应用目的,可以分为绝对定标和相对定标。绝对定标是通过各种标准辐射源,建立辐射亮度值与数字量化值之间的定量关系,如对一般的线性传感器,绝对定标通过一个线性关系式完成数字量化值与辐射亮度值的转换

$$L = \text{Gain} \cdot \text{DN} + \text{Offset} \tag{8.1}$$

　　辐射亮度值 L 常用单位为 $W/(cm^2 \cdot \mu m \cdot sr)$。当定标为反射率时,又分为大气外层表观反射率和地表真实反射率。后者属于大气校正的范畴,有时候也会将大气校正视为辐射定标的一种方式。

　　在ENVI中,使用Landsat定标工具可以将Landsat MSS、TM或ETM+的DN值转换成辐射亮度值或表观大气反射率。如果存在TM波段6,它将被转化为温度(单位K)。如果输入波段7,则第6波段将被假定为热红外波段。如果输入文件只有6个波段,则被假设没有热红外波段。

ENVI 提供两种定标公式供选择（两个公式得到的结果是一致的）

$$L_b = GainDN_b + Bias \qquad (8.2)$$

$$L_\lambda = LMIN_\lambda + \left(\frac{LMAX_\lambda - LMIN_\lambda}{QCALMAX - QCALMIN} \right)(QCAL - QCALMIN) \qquad (8.3)$$

（1）$QCAL$ 为原始量化的 DN 值；$LMIN_\lambda$ 为 $QCAL = 0$ 时的辐射亮度值；$LMAX_\lambda$ 为 $QCAL = QCALMAX$ 时的辐射亮度值。$LMIN_\lambda$ 和 $LMAX_\lambda$ 的值取自 Chander、Markham 和 Helder（2009）的研究成果。

（2）$QCALMIN$ 为最小量化定标像素值（与 $LMIN_\lambda$ 类似）。取值如下：

1：LPGS 产品；

1：2004 年 4 月 4 日之后的 NLAPS 产品；

0：2004 年 4 月 4 日之前的 NLAPS 产品。

如果没有元数据信息，QCALMIN 取默认值 1(TM 和 ETM＋)或者 0(MSS)。

（3）$QCALMAX$ 为最大量化定标像素值（与 $LMAX_\lambda$ 类似）。根据元数据信息取值为 127、254、255。当缺少元数据时，$QCALMAX$ 取默认值：255（TM 和 ETM＋）或 127（MSS）。

（4）L_λ 为辐射亮度值，单位为 W/(cm^2 · μm · sr)。

定标表观大气反射率（ρ_p）的计算公式为

$$\rho_p = \frac{\pi \cdot L_\lambda \cdot d^2}{ESUN_\lambda \cdot \cos\theta_s} \qquad (8.4)$$

式中：L_λ 为辐射亮度值；d 为天文单位的日地距离；$ESUN_\lambda$ 为太阳表观辐射率均值，对于 Landsat‐7 ETM＋，ENVI 使用 "The Landsat‐7 Science Data Users Handbook" 上记录的参数；对于 Landsat‐4/5TM，ENVI 使用 Chander 和 Markham（2003）研究成果。θ_s 为太阳高度角（°）。

定标参数使用 Chander、Markham 和 Helder（2009）的研究成果，其中，LPGS 和 NLAPS 分别是两种数据处理系统得到的产品：the Level 1 Product Generation System（LPGS）和 the National Land Archive Production System（NLAPS）。从 2008 年 12 月开始，Landsat‐7 ETM＋和 Landsat‐5 都是以 LPGS 系统处理，Landsat‐4 TM 和 MSS 以 NLAPS 系统处理。图 8.1 是 2002 年 Landsat‐7 ETM＋影像辐射定标后的效果。

图 8.1 辐射定标后 2002 年
Landsat‐7 ETM＋影像

8.3.2　大气校正

利用 ENVI 软件中提供的 FLAASH 大气校正工具对 Landsat 数据进行逐一的大气校正。FLAASH（fast line‐of‐sight atmospheric analysis of spec‐tral hypercubes）是基于 MODTRAN 4 模型的大气纠正模块，它可以从高光谱遥感影像中还原出地物的地表反射率。FLAASH 不仅可以对高光谱数据进行大气校正，而且可以对多光谱数据如 Landsat、SPOT、AVHRR、MERIS、IRS 和 ASTER 等数据进行大气校正。它校正的波长范围为 $0.4 \sim 3\mu m$。FLAASH 大气校正模块与其他大气校正模块有所不同，FLAASH 并不是在预先计算好的模型数据库中加入辐射传输参数来进行大气校正，它直接结合了 MODTRAN 4 的大气辐射传输编码，任何有关影像的标准 MODTRAN 大气模型和气溶胶类型都可以直接被选用，并进行地表反射率的计算。FLAASH 模块可以对邻近像元效应进行纠正，同时提供对整幅影像的能见度的计算。此外，FLAASH 能够生成卷云与薄云的分类影像，对光谱进行平滑，消除噪声。

FLAASH 中大气校正主要分为 3 步：第一步，从图像中获取大气参数，包括能见度（气溶胶光学厚度）、气溶胶类型和大气水汽含量。由于目前气溶胶反演算法多是基于图像中的特殊目标，如水体或浓密植被等暗目标，在 FLAASH 中也沿用了暗目标法，一景图像最终能获取一个平均的能见度数据；同时，FLAASH 中水汽含量的反演算法是基于水汽吸收的光谱特征，采用了波段比值法，水汽含量的计算在 FLAASH 中是逐像元进行的。第二步，大气数据获取之后，通过求解大气辐射传输方程来获取反射率数据。第三步，为了消除校正过程中存留的噪声，需要利用图像中光谱平滑的像元对整幅图像进行光谱平滑运算。

FLAASH 大气校正输入数据要求及输出结果如下：

（1）波段范围：卫星图像为 $400 \sim 2500nm$；航空图像为 $860 \sim 1135nm$。如果要执行水汽反演，光谱分辨率不大于 15nm，且至少包含以下波段范围中的一个：$1050 \sim 1210nm$；$770 \sim 870nm$；$870 \sim 1020nm$。

像元值类型：经过定标后的辐射亮度（辐射率）数据，单位 $\mu W/(cm^2 \cdot nm \cdot sr)$。

（2）数据存储类型：浮点型（Floating Point）、32 位无符号整型（Long Integer）、16 位无符号和有符号整型（Integer、Unsigned Int）。

文件类型：ENVI 标准栅格格式文件，BIP 或 BIL 存储结构。

（3）中心波长：数据头文件中（或者单独的一个文本文件）包含中心波长（wavelenth）值，如果是高光谱还必须有波段宽度（FWHM），这两个参数都可以通过编辑头文件信息输入（Edit Header）。

波谱滤波函数（波谱响应函数）文件：对于未知多光谱传感器（UN‐

KNOWN-MSI）需要提供波谱滤波函数文件。

（4）输出结果。

1）地表反射率数据。地表真实反射率反演数据，结果一般是乘以系数10000以16位有符号整型输出。

2）水汽含量数据。以 atm·cm 为单位的水汽含量反演数据，文件名为water.dat。

3）云分类图。以 ENVI 分类格式输出，文件名为 cloudmask.dat。

4）日志文件。描述 FLAASH 详细处理过程的日志文件，文件名为 journal.txt。

5）FLAASH 大气校正工程文件。记录 FLAASH 大气校正参数设置的工程文件，文件名为 template.txt。

图 8.2、图 8.3 分别列举了 FLAASH 大气校正参数设置及 2002 年图像大气校正后的结果。

图 8.2　ENVI 5.1 中 FLAASH 大气校正参数设置

图 8.3　2002 年 ETM＋影像大气校正后结果

95

8.3.3　影像镶嵌

　　图像镶嵌指在一定数学基础控制下，把多景相邻遥感图像拼接成一个大范围、无缝图像的过程。ENVI 的图像镶嵌功能提供交互式的方式将没有地理坐标或者有地理坐标的多幅影像合并，并生成一幅单一的合成图像（图 8.4）。镶嵌功能提供了透明处理、直方图匹配、颜色自动平衡的功能。为了解决镶嵌颜色不一致、接边以及重叠等问题，ENVI 提供了边缘线羽化、切割线羽化、颜色校正等工具。

 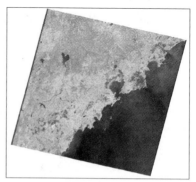

（a）镶嵌前 1　　　　　　　　　　　　　　（b）镶嵌前 2

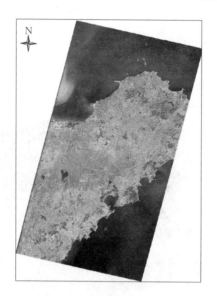

（c)镶嵌后

图 8.4　镶嵌前后的 2002 年 ETM＋影像

8.3.4 影像配准

因需进行河道变化信息分析研究，而且研究数据源为来自不同传感器的遥感影像，因此需要进行图像间的相互配准。图像配准过程是根据像元灰度值或者地物特征自动寻找两幅图像上的同名点，根据同名点完成两幅图像的配置过程。当同一地区的两幅图像由于校正误差的影响，使得图上的相同地物不重叠时，可以利用此方法进行调整。图 8.5 展示了在 ENVI5.1 中不同时相遥感数据间配准的控制点及校正参数确定的部分流程。

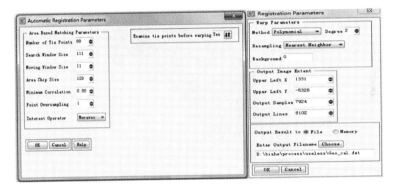

（a）控制点参数和校正参数设置

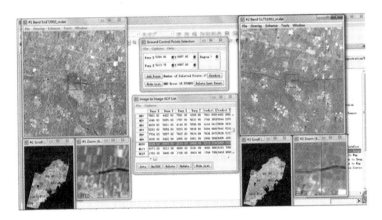

（b）ENVI5.1 中地面控制点编辑界面

图 8.5　不同时相遥感影像配准过程示意图

8.3.5 影像裁剪

图像裁剪的目的是将研究区之外的区域去除。按照行政区划边界或自然区划边界进行图像裁剪；用青岛市行政区划的矢量文件生成感兴趣区域，即 ROI 多边形，进行图像不规则分幅裁剪，得到研究区图像（图 8.6）。

图 8.6　大沽河流域模拟真彩色合成影像（OLI753 合成，2014 年）

8.4　河　道　特　征　提　取

河道特征提取是分析研究河道变迁过程中最关键的一步，特征因子提取的准确度决定了后序工作是否能达到最理想的效果。前面已经提到，河道特征提取的方法有单波段阈值法、谱间关系法、水体指数法、人机交互矢量化法等。本章根据不同传感器的影像特征采用不同的水体提取方法，通过对提取结果的分析，选取最优方法提取河道特征信息。

8.4.1　谱间关系法

由于 MSS 传感器的响应波段少，波段覆盖范围窄，很难利用其他有效的方法进行水体提取，故利用相对来说效果较好的谱间关系法来提取河道信息。研究表明，水体与非水体的主要差异集中于 MSS4 与 MSS7 波段，这两个波段的比值图像可在压抑阴影的同时将两幅图像的信息合成。根据对比值图像数据特点的分析，发现比值图像在作等比例拉伸并取整时所不可避免的信息损失主要集中在低值区，高值区则相对得到扩展增强。由于在 MSS4/MSS7 图像中水的信息位于高值区，因此其水域识别能力优于 MSS7/MSS4。图 8.7（b）和图 8.7（c）分别为 MSS4 与 MSS7 波段比值计算图像，从图 8.7 中可见即使 MSS4/MSS7 图像也无法完全排除山区深阴影对水域识别的干扰。

（a）MSS 原影像　　　　（b）MSS7/MSS4 影像图　　　　（c）MSS4/MSS7 影像图

图 8.7　MSS 比值图像水体提取结果

对得到的 MSS4/MSS7 设置适当阈值，将图像进行二值化处理，可以较好地提取出研究区域的水体，见图 8.8。从图 8.8 中可以看出，除水体外图中还有好多细小斑块，需做进一步的处理。

8.4.2　水体指数法

简单地采用单一的光谱特征分类或阈值法提取，由此产生的漏提或错提的水体较多，不能达到理想的效果。利用不同波段做商运算生成的遥感指数对区域水资源信息的提取既科学实用，又简单易行。同时，在利用遥感影像计算指数的过程中，消除了云、雾、阴影及其他干扰。利用遥感指数对区域水资源进行信息的获取，可以不受条件限制地进行全面、实时监测。TM、ETM＋及 OLI 传感器都包含对水体反应敏感的短波红外波段，利用水体指数进行河道提取，对得到的影像设置适当阈值，进行二值化处理，结果显示利用改进的归一化水体指数法（MNDWI）（图 8.9）的提取效果优于归一化水体指数法（ND-WI）（图 8.10）。

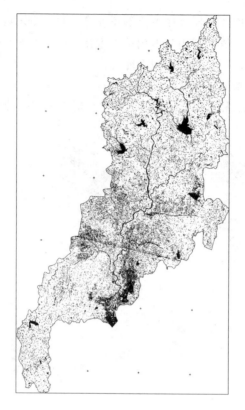

图 8.8　MSS4/MSS7 影像提取水体

（大沽河流域，1973 年）

 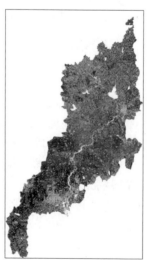 

（a）Landsat - 8 原影像　　　（b）MNDWI 结果　　（c）二值化处理水体提取结果

图 8.9　基于 MNDWI 的大沽河流域水体提取结果（阈值为 0）

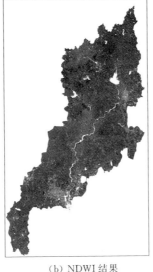

（a）Landsat-8 原影像　　　　（b）NDWI 结果　　　　（c）二值化处理水体提取结果

图 8.10　基于 NDWI 的大沽河流域水体提取结果（阈值为 0）

8.4.3　人机交互矢量化法

从遥感影像上获取河道信息，必须依据河道信息特征建立判读标志，而判读河道特征主要有光谱特征、空间特征和时间特征。

（1）光谱特征及其判读标志。河道中的各种地物要素在各波段影像上有它的光谱反射亮度积分值，通过对河道各种地物反射率的测定，可以获取地物的光谱特性曲线，建立地物光谱特性曲线与影像各波段的波谱响应曲线的相关关系。因此，地物在多波段影像上特有的这种波谱响应就是河道地物的光谱特征的判读标志。

（2）空间特征及其判读标志。地物的各种几何形态为其空间特征，这种空间特征在影像上也是由不同的色调表现出来。它包括通常目视判读中应用的一些判读标志，包括形状、大小、图形、阴影、位置、纹理、类型等。

（3）时间特征及其判读标志。河道特征是随时间的变化而变化，表现在 3 个方面：水边线随着河水水位发生变化；洪水期水体含沙量大，枯季水体清澈，可用来判读河道主泓和边滩、心洲形状；水边线受河床冲淤控制，按其自身演变规律发生平面上的迁移。

通过不同时期的遥感影像对比河道的变化，包括河道平面形态变化（河道堤岸线、岸滩、心洲）、河道曲折系数、交叉河道水沙分流变化等，可以发现河道的变迁及其发展趋势。

将上文中提取的各时相的水体二值化图像作为参考，在 ArcGIS 软件中对河道进行人机交互矢量化，得到河道平面形变图像。图 8.11 为 2014 年大沽河河道矢量化结果与遥感图像的叠加显示结果。图 8.12 为各监测年份大沽河流域的河道矢量化图。将各监测年份的河道矢量图叠加分析，即得到 1973—2014 年大沽河河道变迁结果，见图 8.13。

图 8.11　2014 年大沽河河道矢量化图像

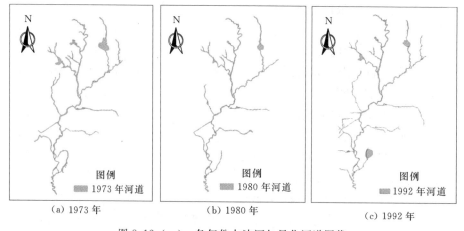

(a) 1973 年　　　　　　(b) 1980 年　　　　　　(c) 1992 年

图 8.12（一）　各年份大沽河矢量化河道图像

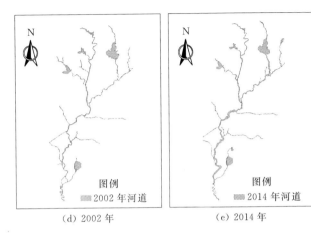

（d）2002 年 　　　　　　　（e）2014 年

图 8.12（二） 各年份大沽河矢量化河道图像

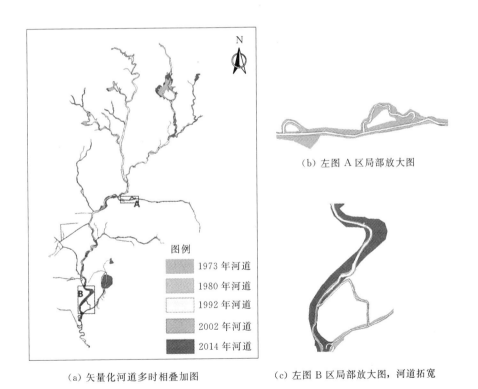

（a）矢量化河道多时相叠加图 　　（c）左图 B 区局部放大图，河道拓宽

图 8.13 1973—2014 年大沽河河道变迁情况

103

8.5　河　道　变　迁　分　析

8.5.1　河道变迁情况

　　由于不同时相遥感图像获取所用的传感器类型不同、季节不同，从而导致河道中水量不同，在遥感影像上的光谱响应不同，使河道在各个影像上的表现有一定差异。但河道变迁的研究不希望这种差异存在，故对研究区河道变迁的分析研究主要依据通过人机交互矢量化法提取的河道信息，计算得到的河道特征信息见表 8.2。

表 8.2　　　　　　　　　　　　大沽河河道特征遥感估算结果

年份	河道面积/km²	河道长度/km	平均宽度/m	曲折系数
1973	66.91	202.25	330.87	1.26
1980	52.12	206.63	252.22	1.29
1992	51.13	208.84	244.81	1.30
2002	46.90	212.79	220.41	1.33
2014	79.54	201.70	394.35	1.26

　　根据表 8.2 及从遥感影像上提取的河道信息可以看出，大沽河主河道及其主要支流小沽河河道，自 1973—2002 年河道面积逐年减少，河道宽度逐年减小，曲折系数逐年增大。2014 年河道面积明显增大，河道拓宽，曲折系数减小，引起这种变化的主要因素应该是自 2012 年起青岛市进行了大沽河治理工程，使河道发生了明显变化。

8.5.2　河道变迁影响因素分析

　　（1）自然因素。根据上文中对河道特征信息的分析可以看出在没有进行河道治理前河道面积是逐年减小的。姜德娟、王晓利在研究大沽河由于径流变化特征时提出，根据 1964—2008 年南村水文站的年径流资料可见，南村水文站的年径流系列呈不显著的减少趋势，自 1980 年以来，河川径流量多年为 0，河道经常出现全年断流现象，形势非常严峻。根据青岛气象站的年降水资料发现在 1964—2008 年间降水量呈下降趋势，但并不显著，同时，年气温在近 45 年间表现为显著升高趋势。田守波在研究大沽河干流渗漏对河道洪水演进的影响时提出，根据 1975—1995 年的动态资料来看，地下水位的变化大致分为以下几个过程：1976—1981 年期间，基本处于连枯年份，又为开采前阶段，地下水位基本处于缓慢下降阶段；1982—1985 年由于连续疏干开采，地下水位急剧下降，直至 1985 年 8 月受台风影响急剧回升；1986—1995 年水位基本稳定，有升有降；1996 年以后总体水位略有升高。

（2）人为因素。人类活动的影响主要是河道的整治，根据方式的不同可表现为两种形式：一为整治老河道；二为开凿新河道。其中整治老河道主要通过丁坝的修建，改变河道原来的水流条件，致使河道横断面的流速分布改变，把河道泥沙冲淤部位进行重新调整，改变了原有的水沙平衡。当河道淤塞时，对河道进行疏通整治，暂时运行通畅，打破了原平衡状态，河道在一定时间内又将产生新的水沙平衡状态，再次形成洲滩，淤塞河道。而开凿新河道主要为对老河道截弯取直或开挖新的河道，取直后的河道能使断面流速增大，以达到防止河道淤积的目的，但同时也增大了水流的冲刷作用，加速了河道的下切。

人为因素对大沽河河道变迁的影响是比较大的。1973 年以来，在政府的组织领导下，大沽河沿岸居民多次对大沽河进行护堤、堤防接长、修建水库、水坝等水利工程建设，有效地预防了大沽河流域的洪涝灾害，也为沿岸经济发展做出了巨大贡献。2011 年青岛市政府积极响应《中共中央关于加快水利改革发展的决定》，也为保护好、开发好、利用好大沽河，全面提升大沽河对全市经济社会的支撑力、保障力和拉动力，下发了题为《关于实施大沽河治理的意见》的文件，全面启动大沽河治理工作，同年提出了《青岛市大沽河流域保护与空间利用总体规划》。2013 年上半年大沽河治理工程基本完工，通过新增和加固蓄水构筑物，大沽河将新增拦蓄水量 4300 万 m^3，主河道水面面积由之前的 $21km^2$ 增加到 $40km^2$，形成近 100km 首尾相连的连续水面。

总之，大沽河近 40 年来的河道变迁是自然因素和人为因素相互作用的共同结果。2011 年以前，大沽河河道变窄主要是由于河流径流量的减少，而河流流量的减少除了降水、气温等因素的影响外，与沿岸农业灌溉、生活用水、采砂等人类活动的影响也是分不开的。近几年来，由于大规模治理河道，河道拓宽，沿岸生态环境也得到了很大改善，更有利于大沽河的保护和利用。

第9章 流域大气–水文相互作用过程遥感监测体系

从水文循环与流域径流形成的角度看，流域的径流受到降水、蒸散发、土壤含水量、土地利用类型等众多因素的影响与控制，大气与水文（地表水文及地下水文）各要素之间总是在相互作用与相互影响着：大气的气流强度（风力大小及方向）、大气湿度、大气温度、大气降水（量、强度及持续时间）、大气的蒸发能力等要素与地形地貌、地表（土壤）温度、地表水面积、地表水温度、地表（土壤）湿度、地表覆盖物［植被、人工建（构）筑物及其类型］占比、地下水埋藏深度、土壤及地表浅部足以影响地下水蒸发及降水入渗的物质性质［土壤类型、岩（土）石类型］等诸多因素时刻相互影响与相互制约着。其中降水和蒸发是大气–水文相互作用过程中起决定性作用的两大主要因素。

监测是研究和认识运动变化事物的基本手段，对大气和水文现象这些变化事物的研究和认识也离不开监测。然而，传统的监测手段方法存在监测不连续、时段及范围受限等问题，因此监测工作应由过去的间断性的、多时段、多点位人工监测向自动、连续、面状或立体监测发展，但是采用传统的人工监测，尤其是对一定规模的全流域实现这种转变，几乎是不可能的，即使资金和人力充裕也是难以实现的。近年来，随着遥感技术的飞速发展，大量遥感数据被广泛用来研究大气和水文现象，弥补了常规站点观测范围和观测时段有限的不足，并且速度快、成本低，成为研究流域大气–水文现象的相互作用过程的有效手段。

本书就是基于上述思想，利用遥感技术，对大沽河流域的降水、蒸散发、土壤含水量、土地利用等指标进行了监测的尝试性工作，如利用降水遥感的监测结果，可以预报径流量大小，至少可以预测预报径流量的范围。通过对多种要素的遥感结果进行合并、串联，可实现对大沽河流域大气–水文相互作用过程进行遥感监测的目标，由此也就构建起了流域大气–水文相互作用过程遥感监测体系。尽管该体系由于数据的获得渠道等原因，使得所获得的监测结果存在误差大或精度不高等问题，但是从理论及实践上，都证明这个监测体系是可行的。相信随着未来卫星遥感数据精度的提高，通过这样一个体系就能够实现较高精度监测效果，体系框图见图9.1。

该体系主要包括遥感监测指标和模型建立流程两大部分。监测指标包括了利用遥感技术手段监测全流域土地利用类型、降水、蒸散发、土壤含水量、地表径流和河道变迁等大气及水文要素，包括它们的多年变化；模型建立流程是实现对上述监测指标的遥感监测的一般步骤。以下将对监测指标的遥感监测与模型建立流程两大方面，分别予以简要总结。

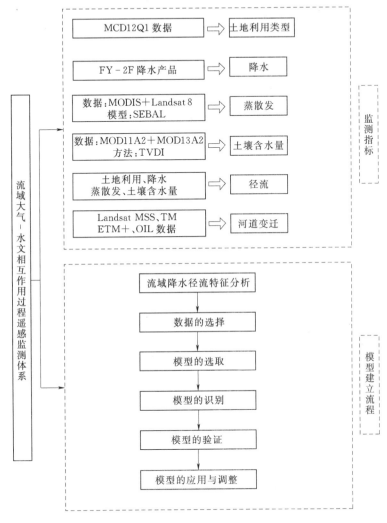

图 9.1　流域大气-水文相互作用过程遥感监测体系

9.1　各要素的遥感监测

9.1.1　流域土地利用类型及其动态监测

运用遥感技术进行土地利用现状调查以及动态监测，以摸清土地的数量及分布状况和变化，是遥感应用中最早、研究最多的一项基础性工作。通过对遥感影像的解译可以迅速地了解土地的数量、类型、分布及其动态变化的情况，为土地的科学管理、合理利用提供依据。在区域尺度的土地利用类型的动态遥感监测方面，MODIS 数据由于具有较高的空间分辨率、时间分辨率和光谱分辨率而得到广泛应用。在 MODIS 土地覆盖产品 MCD12Q1 基础上，通过修改分类系统来提高分类精度，判读不同时期研究区域 MODIS 数据的土地利用/土地覆盖情况，对所得结果进行变化监测，即可得到该研究区域的土地利用/土地覆盖的变化结果以及精度评价。步骤如下：

（1）MODIS 数据 MCD12Q1 可从 NASA 网站 https：//lpdaac.usgs.gov/products/modis_products_table/mcd12q1 下载获得。

（2）MODIS Terra + Aqua 三级土地覆盖类型年度全球 500m 产品 MCD12Q1 采用 5 种不同的土地覆盖分类方案，信息提取主要技术是监督决策树分类，研究采用的数据集为土地覆盖分类方案 5。

（3）完成土地利用/土地覆盖遥感分类之后，要通过精度评价来验证分类的可信度，评价方法常用 Congalton 提出的误差矩阵法（混淆矩阵法）。

（4）选取土地利用/土地覆盖变化范围较大的几个年份的数据，借助 ENVI 4.8 软件中的 Change Detection 功能做监测分析，统计变化结果。

大沽河流域土地利用类型的分类，首先是在 2001 年、2004 年、2007 年、2012 年的 MODIS 土地覆盖产品 MCD12Q1 遥感数据的基础上，通过修改其分类系统，提高了其分类的精度；然后用遥感分类精度最常用的方法——基于混淆矩阵的精度评价法，从总体精度（Overall Accuracy）、制图精度（Produced's Accuracy）、用户精度（User's Accuracy）与 Kappa 系数等 5 个方面进行了大沽河流域大气-水文相互作用监测体系中的土地利用类型分类的精度评价，研究发现基于 MODIS 数据的大沽河流域土地利用分类结果较为准确，对于区域尺度上大面积的土地利用及更新调查、动态监测以及 MODIS 数据的推广应用具有重要的借鉴意义。

9.1.2 流域降水量估算

在遥感估算流域降水方面，一系列高时空分辨率的卫星遥感降水产品，如 TMPA（TRMM multi-satellite precipitation analysis）、CMORPH（CPC MORPHing technique）、PERSIANN（precipitation estimation from remotely sensed information using artificial neural networks）、GSMaP（Global Satellite Mapping of Precipitation）得到迅速开展，为全球及区域降水观测提供了新的数据来源。综合考虑数据的连续性、分辨率及可获取性等多种因素，选择红外波段的风云气象卫星-2（FY-2）数据较为适宜。FY-2F 星是风云二号 03

批 3 颗卫星中的首发星，FY－2F 气象卫星产品是对 FY－2F 原始资料进行处理后形成的加工产品，这些产品经过计算机网络及通讯线路分发后形成分发产品。降水估计产品是利用 FY－2F 静止气象卫星资料，结合常规地面观测资料，通过卫星中心静止气象卫星降水估计技术和卫星估计结果与地面常规雨量观测结果的融合技术所生成的覆盖中国及周边地区的定量雨量估计结果。以 FY－2F 的 24h 降水估计产品为数据源，计算出各年 1—12 月的逐月降水量，经过数据校正、裁剪后，即可获得流域的月降水分布图。

根据大沽河流域的面积，综合考虑数据的连续性、分辨率及可获取性等多种因素，大沽河流域选择 2013 年 24h 红外波段的风云气象卫星－2（FY－2）数据估算流域的降水量，并分别以大沽河、云山镇、移风店及南墅中学 4 个气象自动站的 2013 年月降水观测值为参照，检验流域月降水遥感估测的有效性。研究发现尽管某些站点个别月份的降水估测值存在较大误差，基于 FY－2F 的降水估计结果仍然可以表达流域降水的时空分布规律，是较为理想的降水产品。

9.1.3 流域蒸散发估算

蒸散发是水文循环的主要过程和水资源管理的关键因素，它控制着陆地表面的水分和能量通量的分配。多时相、高光谱、高分辨率的遥感监测能够很好地反演下垫面几何结构与植被覆盖等重要参数，使得估算大面积区域的蒸散发成为可能。在遥感估算蒸散发方面，因为 SEBAL 蒸散模型具有较好的物理基础、输入数据较少、反演精度较高的优点，能够满足区域蒸散研究的需要，因此推荐采用 SEBAL 蒸散模型进行流域蒸散量的估算。SEBAL 模型首先利用地表温度、植被指数、地表反照率等参数和常规气象资料反演得到净辐射量、土壤热通量和显热通量，再根据能量平衡方程求得潜热通量，最后利用蒸发比恒定法求得日蒸散量。蒸散发反演利用的数据资料有：①MODIS 地表温度产品（MOD11A1）；②16d 地表反照率产品（MCD43B3），分辨率为 1000m；③16d 植被指数产品（MOD13A2），分辨率为 1000m；④逐日气象数据，包括高程、气温、风速等；⑤流域土地利用数据。

大沽河流域蒸散量估算选用了 2013 年数据质量较好的 12 幅 MODIS 的 Landsat－8 遥感数据，解译获取土地利用信息，采用 SEBAL 模型进行蒸散量估算，得到大沽河流域蒸散量情况；将遥感监测估算的大沽河流域蒸散发量与研究区内各气象台站实测蒸散量进行对比，验证 SEBAL 模型反演大沽河流域日蒸散量结果的可信度。研究发现，经过 SEBAL 模型估算的蒸散量值与实测值的变化趋势基本一致，日蒸散量较为相近，可以将 SEBAL 模型应用于大沽河流域的蒸散量研究。

9.1.4　土壤含水量的反演

土壤水分是水资源中的重要组成部分，控制着地-气能量交换过程，对水文、气象、农业等行业领域都产生极大的影响。利用遥感技术反演土壤含水量，处理裸土或者低植被覆盖区域时，宜采用热惯量模型，或者简化的表观热惯量模型，可以估算土壤表层 $0\sim10\mathrm{cm}$ 深的水分状况，适用于 3—5 月和 9—11 月时间段，该方法简单，技术发展比较成熟，所需参数完全可以从影像数据中直接提取；处理植被覆盖较高的区域时，土壤含水量的反演模型比较繁杂，宜采用作物缺水指数法和温度植被干旱指数法。以温度植被干旱指数法（TVDI）反演流域土壤湿度为例，需要收集的数据为 MODIS 合成产品数据 MOD11A2（该数据包括白天地表温度，8d 为间隔）、MOD13A2（该数据包括归一化植被指数 NDVI，16d 为间隔）。图像处理过程由 ENVI 图像处理软件和 Matlab 完成，处理过程包括以下 6 步。

（1）利用 MODIS 数据产品投影变换软件 MRT 进行投影变换，采用 WGS-84 椭球体，UTM 投影。

（2）在 ENVI 中使用流域界线矢量图形剪切出流域的地表温度图像和植被指数图像（NDVI）。

（3）使用 Matlab 编程，将 2 个时相 8d 合成的地表温度数据合成为 1 个时相 16d 合成的地表温度数据（单位℃）。

（4）使用 Matlab 编程，利用 16d 合成的地表温度数据和植被指数数据，提取某一 NDVI 对应的所有地表温度中的最大值和最小值，将不同 NDVI 下的最大和最小陆地表面温度保存于 Excel 文件中。

（5）利用上一步骤中提取的数据，在 Excel 中对 NDVI 和最大及最小陆地表面温度进行线性拟合，获得干边和湿边方程的系数 a_1、b_1、a_2 和 b_2。

（6）使用 Matlab 编程，计算图像上每个像元的温度植被干旱指数（TVDI）值，获取流域 TVDI 的分布图，根据 TVDI 等级划分形成流域土壤湿度分布图。

大沽河流域遥感监测土壤水分采用了 2013 年 12 个月的 MODIS 合成产品数据 MOD11A2，使用优选的模型—温度植被干旱指数法（TVDI）反演了大沽河流域土壤湿度，并进一步研究该时间段流域土壤湿度的时空分布规律。

9.1.5　河道变迁分析

在利用遥感技术分析研究河道变迁方面，需要使用 Landsat MSS、TM、ETM＋及 OLI 的数据作为数据源。在经过辐射定标、大气校正、图像镶嵌、图像配准、图像裁剪等数据预处理之后，选择单波段阈值法、谱间关系法、水体指数法、人机交互矢量化法等方法提取河道特征，如河道面积、河道长度、平均宽度、曲折系数。

由于不同时相遥感图像获取所用的传感器类型不同、季节不同，可能会导致河道中水量的不同，在遥感影像上的光谱响应不同，使河道在各个影像上的表现有一定差异。但是，河道变迁方面的研究需要剔除这种差异，因此对河道变迁的分析研究必须通过人机交互矢量化的方法来提取河道信息。

9.1.6 流域流量预报

利用遥感数据资料进行流量预报的思路是：利用遥感数据解译流域降水量、蒸发量，建立该数据与同期实测流量数据之间的相关关系，作为以后流量估计的基础，即实现对流域径流量的预报，用以来指导流域水资源的规划与管理工作。

9.2 模型建立流程

任何模型的建立都不是一蹴而就的，必须经过一套严格的处理过程。模型建立的一般流程如下：

（1）收集流域的基本资料，包括地形地貌、气象水文、地质与水文地质、下垫面情况、经济与人口信息、水资源开发利用等，深入开展流域降雨径流特征分析，这是建立各类型模型的基础，即模型不能脱离研究区的实际条件。

（2）利用遥感技术进行水文相关监测，数据的来源与选择十分重要。第一，所选择的遥感数据精度必须与流域面积相匹配，满足精度要求，过低的精度会严重影响研究成果的实际指导意义；第二，模型所用的遥感数据必须能够反映研究时段的真实情况，比如在进行流域蒸散发反演时，如果遥感数据受到了云层的干扰，其效果就会大打折扣，甚至失真。

（3）任何一个方面的遥感应用都出现了各种各样的模型，这些模型往往都有其适用条件，因此必须结合流域的实际特征来选择合适的模型。例如，热惯量法与特征空间法是热红外遥感反演土壤水分的两种主要方法。热惯量法具有严格的物理基础，利用温度在土壤中的热传导原理与土壤水分建立关系。但是植被的温度及能量传输机理有别于土壤，热惯量法用于植被覆盖地区，精度会大大降低甚至不能使用。特征空间法利用地表温度与植被指数组成的特征空间，依据土壤水分的变化与地表温度的关系进行插值，来建立各种土壤湿度指数，不过干湿边的提取一直是难点，直接影响到反演土壤水分的精度。

（4）模型识别。模型识别是指利用实测的数据及其他已知条件校正模型的方程、参数、边界条件中的某些不确定成分，即解逆问题。在条件允许的情况下，应尽可能利用较长的实测资料进行模型的识别，提高模型精度。

（5）模型验证。模型验证是在建模目的意义下模型能否准确地代表流域实际情况，要进一步考察模型输出是否充分接近实际，即要求模型与实际尽量一致。实际上，模型验证是从理论到实践，从实践再到理论的反复过程，期间往往存在大量的统计分析与计算。

（6）模型的应用与调整。经过识别和验证的模型即可以用于降水、土壤含水量、蒸散发等的估算与分析。不过，如果在模型的应用过程中发现流域的基本条件发生的变化，则要进行模型的调整，重新进行上述提到的各个环节的工作，以期得到最佳的水文估算结果。

附录：

书中部分彩图示意

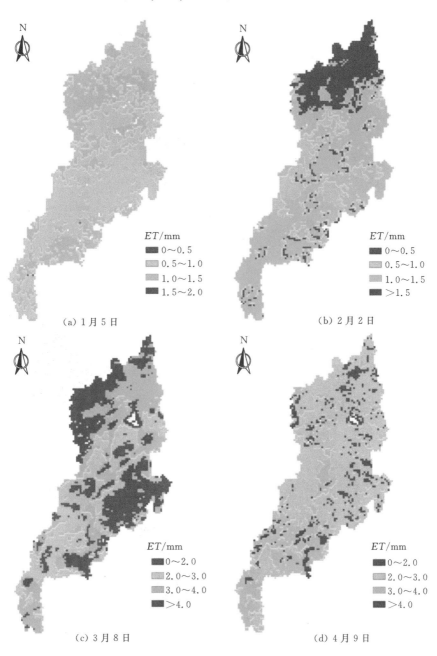

N

ET/mm
■ 0～0.5
□ 0.5～1.0
□ 1.0～1.5
■ 1.5～2.0

(a) 1月5日

N

ET/mm
■ 0～0.5
□ 0.5～1.0
□ 1.0～1.5
■ >1.5

(b) 2月2日

N

ET/mm
■ 0～2.0
□ 2.0～3.0
□ 3.0～4.0
■ >4.0

(c) 3月8日

N

ET/mm
■ 0～2.0
□ 2.0～3.0
□ 3.0～4.0
■ >4.0

(d) 4月9日

图 3.3（一）　2013 年大沽河流域日蒸散量遥感估算图

(e) 5 月 4 日　　　　　　　　　　　　　(f) 6 月 13 日

(g) 7 月 24 日　　　　　　　　　　　　(h) 8 月 19 日

图 3.3 （二）　2013 年大沽河流域日蒸散量遥感估算图

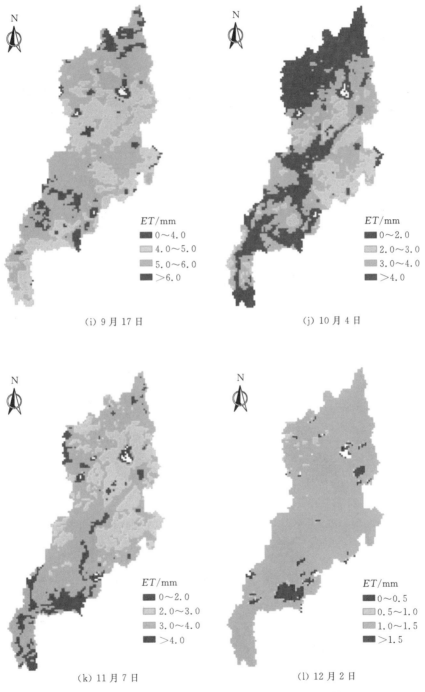

(i) 9 月 17 日

(j) 10 月 4 日

(k) 11 月 7 日

(l) 12 月 2 日

图 3.3（三）　2013 年大沽河流域日蒸散量遥感估算图

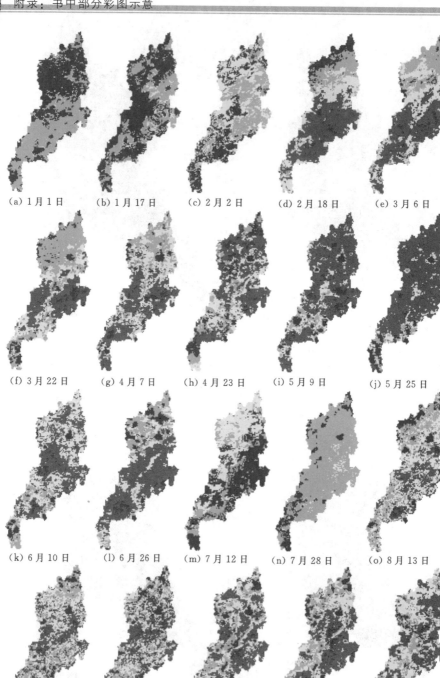

(a) 1月1日　　(b) 1月17日　　(c) 2月2日　　(d) 2月18日　　(e) 3月6日

(f) 3月22日　　(g) 4月7日　　(h) 4月23日　　(i) 5月9日　　(j) 5月25日

(k) 6月10日　　(l) 6月26日　　(m) 7月12日　　(n) 7月28日　　(o) 8月13日

(p) 8月29日　　(q) 9月14日　　(r) 9月30日　　(s) 10月16日　　(t) 11月1日

图5.7（一）　大沽河流域2013年每16d的土壤湿度等级分布图（遥感估算结果）

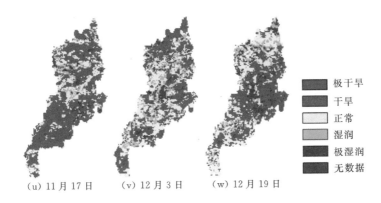

(u) 11 月 17 日　　(v) 12 月 3 日　　(w) 12 月 19 日

图 5.7（二）　大沽河流域 2013 年每 16d 的土壤湿度等级分布图（遥感估算结果）

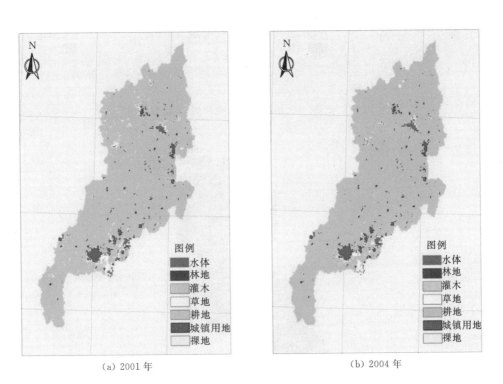

(a) 2001 年　　　　　　　　　　　　　　　　(b) 2004 年

图 7.1（一）　大沽河流域土地利用/土地覆盖图

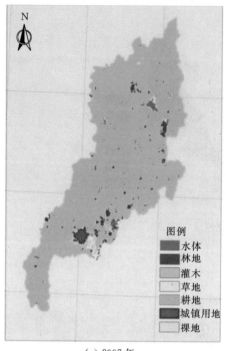

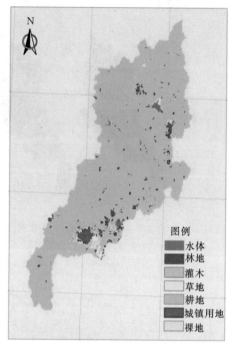

(c) 2007 年 　　　　　　　　　　 (d) 2012 年

图 7.1（二）　 大沽河流域土地利用/土地覆盖图

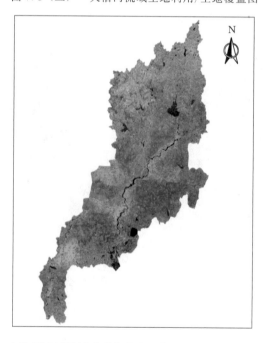

图 8.6　大沽河流域模拟真彩色合成影像（OLI753 合成，2014 年）

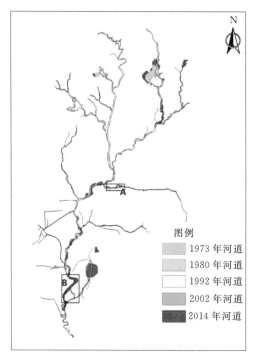

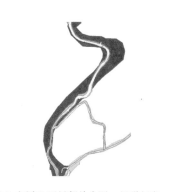

（b）左图 A 区局部放大图

图例

1973 年河道
1980 年河道
1992 年河道
2002 年河道
2014 年河道

（a）矢量化河道多时相叠加图

（c）左图 B 区局部放大图，河道拓宽

图 8.13　1973—2014 年大沽河河道变迁情况

参 考 文 献

[1] Ahmad M D, Biggs T, Turral H, et al. Application of SEBAL approach and MO-
DIS time – series to map vegetation water use patterns in the data scarce Krishna river
basin of India [J]. Water science & technology, 2006, 53 (10): 83 – 90.

[2] Draut A E, Logan J B, Mastin M C. Channel evolution on the dammed Elwha River,
Washington, USA [J]. Geomorphology, 2011, 127 (1): 71 – 87.

[3] Sarkar A, Garg R D, Sharma N. RS – GIS based assessment of river dynamics of
brahmaputra river in India [J]. Journal of Water Resource and Protection, 2012, 4
(2): 63 – 72.

[4] Arkin P A, Meisner B N. The relationship between large – scale convective rainfall
and cold cloud over the western hemisphere during 1982 – 1984 [J]. Monthly Weather
Review, 1987, 115 (1): 51 – 74.

[5] Ba M B, Gruber A. GOES multispectral rainfall algorithm (GMSRA). [J]. Journal
of Applied Meteorology, 2001, 40 (8): 1500 – 1514.

[6] Baroni S, Del F, Ferrazzoli P, et al. SAR polarimetric features of agricultural areas
[J]. International Journal of Remote Sensing, 1995, 16 (14): 2639 – 2656.

[7] Bartholic J F, Namkem L N, Wiegand C L. Aerial thermal scanner to determine tem-
peratures of soils and of crop canopies differing in water stress [J]. Agronomy Jour-
nal, 1972, 64 (5): 603 – 608.

[8] Bastiaanssen W G M, Menenti M, Feddes R A, et al. A remote sensing surface en-
ergy balance algorithm for land (SEBAL): Part 1 Formulation [J]. Journal of Hy-
drology, 1998, 212 – 213 (1 – 4): 198 – 212.

[9] Bastiaanssen W G M, Pelgrum H, Wang J, et al. A remote sensing surface energy
balance algorithm for land (SEBAL): Part 2 Validation [J]. Journal of Hydrolo-
gy, 1998, 212 – 213 (1 – 4): 213 – 229.

[10] Bastiaanssen W G M. SEBAL – based sensible and latent heat fluxes in the irrigated
Gediz Basin [J]. Journal of Hydrology, 2000, 229 (1 – 2): 87 – 100.

[11] Berg W, Kummerow C, Morales C A. Differences between east and west pacific
rainfall systems [J]. Journal of Climate, 2002, 15 (24): 3659 – 3672.

[12] Bindish R, Barros A P. Parameterization of vegetation backscattering in radar – based,
soil moisture Estimation [J]. Remote Sensing of Environment, 2001, 76 (1): 130 –
137.

[13] Bouchet R J. Evapotranspiration re'elle evapotranspiration potentielle, signification
climatique [A]. International Association of Scientific Hydrology. Evaporation,
1963, 2: 134 – 142. Berkeley, Calif: General Assembly of Berkeley, Transactions.

[14] Brown L. Who will feed China? Wake – up call for a small planet [M]. W. W. Norton
& Co, 1995.

[15] Price J C. Comparing MODIS and ETM+ data for regional and global land classifica-

tion [J]. Remote Sensing of Environment, 2003, 86 (4): 491 - 499.

[16] Cargo R D. Conversion and variability of the evaporative fraction during the daytime [J]. Journal of Hydrology, 1996, 180 (1 - 4): 173 - 194.

[17] Chen Q, Chen T. Estimation of river basin evapotranspiration over complex terrain using NOAA/AVHRR, elevation and meteorological data [A]. HEIFE Report No. 6, 1991.

[18] Flener C, Vaaja M, Jaakkola A, et al. Seamless mapping of river channels at high resolution using mobile LiDAR and UAV - Photography [J]. Remote Sensing, 2013, 5 (12), 6382 - 6407.

[19] Muchoney D, Borak J, Chi H, et al. Application of the MODIS global supervised classification model to vegetation and land cover mapping of Central America [J]. International Journal of Remote Sensing, 2000, 21 (6 - 7): 1115 - 1138.

[20] Dastorani M T, Poormohammadi S. Evaluation of water balance in a mountainous upland catchment using SEBAL approach [J]. Water Resources Management, 2012, 26 (7): 2069 - 2080.

[21] Dobson M C, Pierce L, Sarabandi K, et al. Preliminary analysis of ERS - 1 SAR for forest ecosystem studies [J]. IEEE Transactions on Geoscience and Remote Sensing, 1992, 30 (2): 203 - 211.

[22] Ebert E E, Manton M J. Performance of satellite rainfall estimation algorithms during TOGA COARE [J]. Journal of the Atmospheric Sciences, 1998, 55 (9): 1537 - 1557.

[23] Everitt J H, Escobar D E, Alaniz M A, et al. Using multispectral video imagery for detecting soil surface conditions [J]. Photogrammetric Engineering and Remote Sensing, 1989, 55 (4): 467 - 471.

[24] Ferraro R R. Special sensor microwave imager derived global rainfall estimates for climatological applications [J]. Journal of Geophysical Research, 1997, 102 (D14): 715 - 735.

[25] Griffith C G, Woodley W L, Grube P G, et al. Rain estimation from geosynchronous satellite imagery—visible and infrared studies [J]. Monthly Weather Review, 1978, 106 (8): 1153 - 1171.

[26] Henricksen B L. Reflections on drought: Ethiopia 1983 - 1984 [J]. International Journal of Remote Sensing, 1986, 7 (11): 1447 - 1451.

[27] Hong Y, Hsu K L, Sorooshian S, et al. Improved representation of diurnal variability of rainfall retrieved from the tropical rainfall measurement mission microwave imager adjusted precipitation estimation from remotely sensed information using artificial Neural Networks (PERSIANN) system [J]. Journal of Geophysical Research Atmospheres, 2005, 110 (D6): 200 - 210.

[28] Howarth P J, Wickware G M. Prcoedures for change detection using Landsat digital data [J]. Internal Journal of Remote Sensing, 1981, 2 (3): 277 - 291.

[29] Huffman G J, Alder R F, Bolvin D T, et al. The TRMM multisatellite precipitation analysis (TMPA): Quasi - global, multiyear, combined - sensor precipitation esti-

mates at fine scales [J]. Journal of Hydrometeorology, 2007, 8 (1): 38-55.

[30] Iguchi T, Kozu T, Meneghini R, et al. Rain - profiling algorithm for the TRMM precipitation radar data [J]. Advances in Space Research, 2000, 25 (5): 973-976.

[31] Güneralp İ, Filippi A M, Hales B. Influence of river channel morphology and bank characteristics on water surface boundary delineation using high - resolution passive remote sensing and template matching [J]. Earth Surf. Processes and Landforms, 2014, 39 (7), 977-986.

[32] Jackson T J, Engman E T, Vine D L, et al. Multitemporal passive microwave mapping in MACHYDRO'90 [J]. IEEE Transactions on Geoscience and Remote Sensing, 1994, 32 (1) 201-206.

[33] Joyce R J, Janowiak J E, Arkin P A, et al. CMORPH: A method that produces global precipitation estimates from passive microwave and infrared data at high spatial and temporal resolution [J]. Journal of Hydrometeorology, 2004, 5 (3): 487 -503.

[34] Kidd C. Satellite rainfall climatology: a review [J]. International Journal of Climatology, 2001, 21 (9): 1041-1066.

[35] Kirdyashev K P, Chukhlantsev A A, Shutko A M. Microwave radiation of the Earth's surface in the presence of vegetation cover [J]. Radio Engineering and Electronics, 1979, 24: 256-264.

[36] Krishnamurti T N, Kishtawal C M. A pronounced continental - scale diurnal mode of the asian summer monsoon [J]. Monthly Weather Review, 2000, 128 (2): 462 -474.

[37] Krishnamurti T N, Surendran S, Shin D W, et al. Real - time multianalysis - multimodel superensemble forecasts of precipitation using TRMM and SSM/I products [J]. Monthly Weather Review, 2001, 129 (12): 2861-2884.

[38] Kummerow C, Hong Y, Olson W S, et al. The evolution of the goddard profiling algorithm (GPROF) for rainfall estimation from passive microwave sensors [J]. Journal of Applied Meteorology, 2001, 40 (11): 1801-1820.

[39] Kummerow C, Barnes W, et al. The tropical rainfall measuring mission (TRMM) sensor package [J]. Journal of Atmospheric and Oceanic Technology, 1998, 15 (3): 809-817.

[40] Liu T W, Xie X, Polito P S, et al. Atmospheric manifestation of tropical instability wave observed by QuikSCAT and tropical rain measuring mission [J]. Geophysical Research Letters, 2000, 27 (16): 2545-2548.

[41] Lonfat M, Marks F D, Chen S S. Precipitation distribution in tropical cyclones using the tropical rainfall measuring mission (TRMM) microwave imager: a global perspective [J]. Monthly Weather Review, 2004, 132 (7): 1645-1660.

[42] Lenney M P, Woodcock C E, Collins J B, et al. The status of agricultural lands in Egypt: the use of multitemporal NDVI features derived from landsat TM [J]. Remote Sensing of Environment, 1996, 56 (1): 8-20.

[43] Michaelides S, Levizzani V, Anagnostou E, et al. Precipitation: measurement, remote sensing, climatology and modeling [J]. Atmospheric Research, 2009, 94 (4): 512 – 533.

[44] Monteith J L. Evaporation and Environment [A]. The state and movement of water in living organisms [C] //Symposium of the Society for Experimental Biology 19. England: Cambridge University Press, 1965, 19: 205 – 234.

[45] Myers V I, Heilman H D. Thermal IR for soil temperature studies [J]. Photogrammetric Engineering and Remote Sensing, 1969, 35: 1024 – 1032.

[46] Njoku E G, Li L. Retrieval of land surface parameters using passive microwave measurements at 6 – 8 GHz [J]. IEEE Transactions on Geoscience and Remote Sensing, 1999, 37 (1): 79 – 93.

[47] Ojima D, Moran E, Mcconnell W, et al. Global land project: science plan and implementation strategy [J]. Environmental Policy Collection, 2005.

[48] Okamoto K I, Ushio T, Iguchi T, et al. The global satellite mapping of precipitation (GSMaP) project [C] //IEEE International Geoscience and Remote Sensing Symposium. IEEE, 2005: 3414 – 3416.

[49] Pampaloni P, Chiarantini L, Coppo P, et al. Sampling depth of soil moisture content by radiometric measurements at 21cm wavelength: Some experimental results [J]. International Journal of Remote Sensing, 1990, 11: 1085 – 1092.

[50] Penman H L. Natural evaporation from open water, bare soil grass [J]. Proceedings of the Royal Society of London. Series A. Mathematical and Physical Sciences, 1948, 193: 120 – 145.

[51] Price J C. On the analysis of thermal infrared imagery: the limited utility of apparent thermal inertia [J]. Remote Sensing of Environment, 1985, 18: 59 – 73.

[52] Priestley C, Taylor R J. On the assessment of surface heat flux and evaporation using large scale parameters [J]. Monthly Weather Review, 1972, 100 (2): 81 – 92.

[53] Deifies R S, Townshend J R G. NDVI – Derived Land cover classification at a global scale [J]. International Journal of Remote Sensing. 1994, 15 (17): 3567 – 3586.

[54] Robinove C J, Chavez P S. Arid land monitoring using Landsat albedo difference images [J]. Remote Sensing of Environment, 1981, 11 (2): 133 – 156.

[55] Rosema A. Result of the group agromet monitoring project [J]. ESA Journal, 1986, 10: 17 – 41.

[56] Ruhoff A L, Paz A R, Collischon W, et al. A MODIS – Based energy balance to estimate evapotranspiration for clear – sky days in brazilian tropical savannas [J]. Remote Sensing, 2012, 4: 703 – 725.

[57] Smith E A, Asrar G, Furuhama Y, et al. International global precipitation measurement (GPM) program and mission: An overview [M]. Measuring Precipitation From Space: Springer, 2007.

[58] Su Z. The Surface Energy Balance System (SEBS) for estimation of turbulent heat fluxes [J]. Hydrology and Earth System Sciences, 2002, 6 (1): 85 – 99.

[59] Townshend J R G, Justice C O, Kalb V T. Characterization and classification of

South America land cover types using satellite data [J]. International Journal of Remote Sensing, 1987, 8: 1189 – 1207.

[60] Tucker C J, Townshend J R G, Goff T E. Africa land cover classification using satellite data [J]. Science, 1985, 227: 369 – 375.

[61] TurneⅡ BL, Skole D, Sanderson S, et al. Land – use and landover science/research plan [R]. IGBP Report NO. 35/HDP Report NO. 7, Stockholm and Geneva, 1995.

[62] Ulaby F, Aslam A, Dobson C. Effect of vegetation cover on the radar sensitivity to soil moisture [J]. IEEE Transactions on Geoscience and Remote Sensing, 1982, 20 (4): 476 – 481.

[63] Ulaby F, Sarabandi K, Whitt M, et al. Michigan microwave canopy scattering model [J]. International Journal of Remote Sensing, 1990, 11 (7): 1223 – 1253.

[64] Waston K, Pohn H A. Thermal inertia mapping from satellites discrimination of geologic units in Oman [J]. Journal of Research Geology Surving, 1974, 2 (2): 147 – 158.

[65] Waston K, Rowen L C, Offield T W. Application of thermal modeling in the geologic interpretation of IR images [J]. Remote Sensing of Environment, 1971, 3: 2017 – 2041.

[66] Wilheit T T, Change A T C, Rao M S V, et al. A satellite technique for quantitatively mapping rainfall rates over oceans [J]. Journal of Applied Meteorology, 1977, 16 (5): 551 – 560.

[67] Xie P, Arkin P A. Global precipitation: A 17 year monthly analysis based on gauge observations, satellite estimates, and predictions [J]. Journal of Climate, 1997, 78 (1): 840 – 858.

[68] 钟中, 王晓丹. 利用微波成像仪资料反演台风（Aere 2004）降水水平结构 [J]. 热带气象学报, 2007, 23 (1): 98 – 104.

[69] 周兴东, 于胜文, 赵长胜. 徐州市土地利用/覆盖动态变化分析 [J]. 测绘通报, 2008, (3): 33 – 39.

[70] 摆万奇, 张永民, 阎建忠, 等. 大渡河上游地区土地利用动态模拟分析 [J]. 地理研究. 2005: 206 – 212.

[71] 边志华. 大坝下游河道变化分析方法 [J]. 测绘与空间地理信息, 2011, 34 (5): 35 – 37.

[72] 陈举, 施平, 王东晓, 等. TRMM卫星降雨雷达观测的南海降雨空间结构和季节变化 [J]. 地球科学进展, 2005, 20 (1): 29 – 35.

[73] 陈利群, 刘昌明, 杨胜天, 等. 黄河源区降水遥感反演 [J]. 中国环境科学, 2006, 26 (增刊): 87 – 91.

[74] 陈云浩, 李晓兵, 李京, 等. 陆面日蒸发散量计算的两层阻抗遥感模型 [J]. 武汉大学学报. 2005, 30 (12): 1075 – 1079.

[75] 陈云浩, 李晓兵, 史培军. 非均匀陆面条件下区域蒸散量计算的遥感模型 [J]. 气象学报. 2002, 60 (4): 508 – 512.

[76] 程明虎, 何会中, 毛冬艳, 等. 用TRMM资料研究1998年长江流域暴雨（英文） [J]. Advances in Atmospheric Sciences, 2001, 3 (10): 5 – 10.

[77] 崔卫国，穆桂英，王核，等 . 基于遥感影像记录的新疆玛纳斯河下游冲积平原河道演变过程研究 [J]. 地球科学进展，2007，22（3）：227 - 233.

[78] 邓书斌 . ENVI 遥感图像处理方法 [M]. 北京：科学出版社，2011.

[79] 丁伟钰，陈子通 . 利用 TRMM 资料分析 2002 年登陆广东的热带气旋降水分布特征 [J]. 应用气象学报，2004，15（4）：436 - 444.

[80] 杜嘉，张柏，宋开山，等 . 基于 MODIS 产品和 SEBAL 模型的三江平原日蒸散量估算 [J]. 中国农业气象，2010，31（1）：104 - 110.

[81] 杜习乐，吕昌河，王海荣 . 土地利用/覆被变化（LUCC）的环境效应研究进展 [J]. 土壤，2011，43（3）：350 - 360.

[82] 樊自立，陈亚宁，王亚俊 . 新疆塔里木河及其河道变迁研究 [J]. 干旱区研究，2006，23（1）：8 - 15.

[83] 傅国斌，刘昌明 . 遥感技术在水文学中的应用与研究进展 [J]. 水科学进展，2001，12（4）：547 - 559.

[84] 傅云飞，刘奇，自勇，等 . 基于 TRMM 卫星探测的夏季青藏高原降水和潜热分析 [J]. 高原山地气象研究，2008，28（1）：8 - 18.

[85] 傅云飞，宇如聪，崔春光，等 . 基于热带测雨卫星探测的东亚降水云结构特征的研究 [J]. 暴雨灾害，2007，26（1）：9 - 20.

[86] 干嘉元，王荣华，过仲阳 . 利用航空遥感图像进行河道自动提取的方法研究 [J]. 上海地质，2007，1：67 - 70.

[87] 高志强，刘纪远，庄大方 . 基于遥感和 GIS 的中国土地利用/土地覆盖的现状研究 [J]. 遥感学报，1999，3（2）：134 - 138.

[88] 宫攀，陈种新，唐俊华，等 . 基于 MODIS 温度/植被指数的东北地区土地覆盖分类 [J]. 农业工程学报，2006，22（9）：94 - 95.

[89] 郭瑞芳，刘元波 . 多传感器联合反演高分辨率降水方法综述 [J]. 地球科学进展，2015，30（8）：891 - 903.

[90] 何春阳，陈晋，陈云浩，等 . 土地利用/土地覆盖变化混合动态监测方法研究 [J]. 自然资源学报，2001，16（3）：255 - 262.

[91] 何玲，莫兴国，汪志农 . 基于 MODIS 遥感数据计算无定河流域日蒸散 [J]. 农业工程报 . 2007，23（5）：144 - 149.

[92] 何文英，陈洪滨，周毓筌 . 微波被动遥感陆面降水统计反演算式的比较 [J]. 遥感技术与应用，2005，20（2）：221 - 227.

[93] 胡强 . 基于多时相遥感数据的清口地区河道演变研究 [D]. 南昌：南昌大学，2008.

[94] 黄秉维，等 . 现代自然地理 [M]. 北京：科学出版社，1999.

[95] 贾海峰，刘雪华，等 . 环境遥感原理与应用 [M]. 北京：清华大学出版社，2006.

[96] 江晖 . 水体信息自动提取遥感研究 [D]. 北京：中国地质大学，2000.

[97] 姜德娟，王晓利 . 胶东半岛大沽河流域径流变化特征 [J]. 干旱区研究，2013，30（6）：965 - 972.

[98] 李红军，雷玉平，郑力，等 . SEBAL 模型及其在区域蒸散研究中的应用 [J]. 遥感技术与应用，2005，20（3）：321 - 325.

[99] 李红清 . 遥感技术在水环境保护中的应用初探 [J]. 水利水电报，2003，24（3）：24 - 25.

[100] 李锐，傅云飞，赵萍. 利用热带测雨卫星的测雨雷达资料对 1997/1998 年 El Nino 后期热带太平洋降水结构的研究 [J]. 大气科学，2005，29 (2)：225 - 235.

[101] 李小青. 星载被动微波遥感反演降水算法回顾 [J]. 气象科技，2004，32 (3)：149 - 154.

[102] 李杏朝，董文敏. 利用遥感和 GIS 监测旱情的方法研究 [J]. 遥感技术与应用，1996，11 (3)：7 - 15.

[103] 李杏朝. 微波遥感监测土壤水分的研究初探 [J]. 遥感技术与应用，1995，10 (4)：1 - 8.

[104] 李学梅，李忠峰. 土地利用/覆盖变化研究进展及其意义 [J]. 安徽农业科学 2008，36 (6)：2462 - 2464.

[105] 李长安，杨则东，鹿献章，等. 长江皖江段近期河道岸线变化的遥感调查 [J]. 第四纪研究，2008，28 (2)：319 - 325.

[106] 李志，刘兆文. 黄土沟壑区小流域土地利用变化及驱动力分析 [J]. 山地学报，2006，24 (1)：27 - 32.

[107] 林强，陈一梅，黄永葛. 基于 ETM＋图像的厦门湾水体信息提取 [J]. 水科学与工程技术，2008 (增刊)：52 - 54.

[108] 蔺卿，罗格平，陈曦. LUCC 驱动力模型研究综述 [J]. 地理科学进展，2005，24 (5)：79 - 86.

[109] 刘朝顺，高炜，高志强. 应用 MODIS 数据推估区域地表蒸散 [J]. 水科学进展，2009，20 (6)：782 - 788.

[110] 刘纪远. 国家资源环境遥感宏观调查与动态监测研究遥感学报 [J]. 1997，1 (3)：225 - 230.

[111] 刘培君，张琳，艾里西尔·库尔班，等. 卫星遥感估测土壤水分的一种方法 [J]. 遥感学报，1997，1 (2)：135 - 138.

[112] 刘奇，傅云飞. 基于 TRMM/TMI 的亚洲夏季降水研究 [J]. 中国科学：D 辑，2007，37 (1)：111 - 122.

[113] 刘元波，傅巧妮，宋平，等. 卫星遥感反演降水研究综述 [J]. 地球科学进展，2011，26 (11)：1162 - 1172.

[114] 刘正军. 高维遥感数据土地覆盖特征提取与分类研究 [D]. 北京：中国科学院遥感应用研究所，2003.

[115] 刘志明，张柏，晏明，等. 土壤水分与干旱遥感研究的进展与趋势 [J]. 地球科学进展，2003，18 (4)：576 - 583.

[116] 刘志明. 利用气象卫星信息遥感土壤水分的探讨 [J]. 遥感信息，1992，(1)：21 - 23.

[117] 陆家驹. 遥感分类图像的精度分析方法探讨 [J]. 遥感技术与应用，1990，(1)：32 - 36.

[118] 罗迪. 基于 AVHRR 和地理空间数据的中国土地覆盖分类研究 [D]. 北京：中国科学院遥感应用研究所，1999.

[119] 罗湘华，倪晋仁. 土地利用/土地覆盖变化研究进展 [J]. 应用基础与工程科学学报，2000，8 (3)：262 - 272.

[120] 罗秀陵，薛勤，张长虹，等. 应用 NOAA - AVHRR 资料监测四川干旱 [J]. 气

象，1996，22（5）：35－38.

[121] 骆剑承. 遥感影像智能图解及其地学认知问题探索［J］. 地理科学进展，2000，19（04）：P289－296.

[122] 马蔼乃，薛勇. 土壤含水量遥感信息模型的研究［C］//田国良. 黄河流域典型地区遥感动态研究. 北京：科学出版社，1990.133－140.

[123] 马耀明，王介民. 卫星遥感结合地面观测估算非均匀地表区域能量通量［J］. 气象学报，1999，57（2）：180－190.

[124] 毛冬艳. 用 TRMM 资料对中国暴雨个例的分析和降水反演［D］. 北京：中国气象科学研究院硕士毕业论文，2001.

[125] 牛晓蕾，李万彪，朱元竞. TRMM 资料分析热带气旋的降水与水汽潜热的关系［J］. 热带气象学报，2006，22（2）：113－120.

[126] 潘耀忠，李晓兵，何春阳. 中国土地覆盖总和分类研究——基于 NOAA/AVHRR 和 Holdridge PE［J］. 第四纪研究，2000，20（3）：270－281.

[127] 钱乐祥，等. 遥感数字影像处理与地理特征提取［M］. 北京：科学出版社，2004.

[128] 秦丽杰，张郁，许红梅，等. 土地利用变化的生态环境效应研究——以前郭县为例［J］. 地理科学，2002，22（4）：508－512.

[129] 史培军，王静爱，陈婧，等. 当代地理学之人地相互作用研究的趋向——全球变化人类行为计划（IHDP）第六届开放会议透视［J］. 地理学报，2006，61（2）：115－126.

[130] 史培军，宫鹏，等. 土地利用与土地覆被变化研究的方法与实践［M］. 北京：科学出版社，2000.

[131] 史培军. 人地关系动力学研究的现状与展望［J］. 地学前缘，1997，4：201－211.

[132] 宋开山，刘殿伟，王宗明，等. 三江平原过去 50 年耕地动态变化及其驱动力分析［J］. 水土保持学报，2008，（04）：75－78.

[133] 汤旭光，王宗明，刘殿伟，等. 基于面向对象的河道信息提取及其季节性变化分析［J］. 国土资源遥感，2014，26（1）：13－16.

[134] 唐华俊，陈佑启，邱建军，等. 中国土地利用/土地覆盖变化研究［M］. 北京：中国农业科学技术出版社，2004.

[135] 唐俊梅，张树文. 基于 MODIS 数据的宏观土地利用/土地覆盖监测研究［J］. 遥感技术与应用.2002，17（2）：104－107.

[136] 田国良，李长乐，杨习荣，等. 机载合成孔径雷达图像监测土壤水分的初步分析［C］//田国良. 黄河流域典型地区遥感动态研究. 北京：科学出版社，1990.102－110.

[137] 田守波. 大沽河干流渗透对河道洪水演进的影像研究［D］. 青岛：中国海洋大学，2009.

[138] 王小兰. 使用物理方法由 TRMM/TMI 亮温资料反演中国陆地降水［D］. 北京：中国科学院研究生院，2009.

[139] 王秀兰，包玉海. 土地利用动态变化研究方法探讨［J］. 地理科学进展，1999，18（1）：81－87.

[140] 王雨，傅云飞，刘国胜. 热带测雨卫星 TMI 探测结果对非降水云液态水路径的反演方案研究［J］. 气象学报，2006，64（4）：443－452.

[141] 吴传钧，郭焕成．中国土地利用 [M]．北京：科学出版社，1994.

[142] 吴庆梅．利用 TRMM 卫星资料研究我国的降水的微波特征 [J]．应用气象学报，2003，14（2）：206－214.

[143] 徐桂民，刘青勇，徐征和，等．青岛市大沽河流域水资源承载力计算 [J]．南水北调与水利科技，2012，10（6）：115－117.

[144] 徐晶，毕宝贵．卫星估计降水量产品的优化处理及分区检验 [J]．气象，2005，31（2）：27－31.

[145] 阎守邕，刘亚岚，等．遥感影像群判读理论与方法 [M]．北京：海洋出版社，2007.

[146] 杨娟，王心源，杨则东．RS 与 GIS 在长江安徽段河道及湿地演变中的应用 [J]．地理空间信息，2011，9（5）：102－104.

[147] 杨义彬．基于 FY－2 卫星资料估算降水设计与实现 [D]．成都：电子科技大学，2011.

[148] 姚展予，李万彪，高慧琳，等．用 TRMM 卫星微波成像仪资料遥感地面洪涝的研究 [J]．气象学报，2002，60（2）：243－249.

[149] 姚展予，李万彪，朱元竞，等．用 TRMM 卫星微波成像仪遥感云中液态水 [J]．应用气象学报，2003，14（b03）：19－26.

[150] 于兴修，杨桂山．中国土地利用/覆盖变化研究 [J]．地理科学进展，2002，21（1）：51－57.

[151] 余涛，田国良．热惯量法在监测土壤表层水分中的研究 [J]．遥感学报，1997，1（1）：24－31.

[152] 虞献平，贺红仕．生态与环境遥感研究 [M]．北京：科学出版社，1990.

[153] 宇都宫阳二郎，赵华昌，华润葵，等．利用 NOAA 卫星遥感编制中国东北部土壤水分分布图 [J]．遥感技术动态，1990，（4）：27－30.

[154] 张殿君．土壤水分热红外遥感反演方法研究 [D]．北京：中国科学院地理科学与资源研究所，2015.

[155] 张里阳．EOS/MODIS 资料处理方法及其遥感中国区域地表覆盖的初步研究 [D]．南京：南京气象学院，2002.

[156] 张岳．基于 GIS 技术的河道变化监测研究 [J]．测绘与空间地理信息，2013，36（9）：90－93.

[157] 赵福强，杨国范，张婷婷，等．遥感影像浅水河道提取二维经验模态分解方法 [J]．科学技术与工程，2014，14（12）：73－82.

[158] 赵伟敏，李健，高小雄．黄河盐锅峡段的河道变化研究 [J]．甘肃科技，2013，29（18）：31－34.

[159] 赵英时，等．遥感应用分析原理与方法 [M]．北京：科学出版社，2003.

[160] 郑福明，张力，杨坤．基于遥感技术的汉江中下游河道变迁研究 [J]．人民长江，2007，38（10）：52－53.

[161] 郑媛媛，傅云飞，刘勇，等．热带测雨卫星对淮河一次暴雨降水结构与闪电活动的研究 [J]．气象学报，2004，62（6）：790－802.

[162] 钟凯文，刘万侠，黄建明，等．河道演变的遥感分析——以北江下游为例 [J]．国土资源遥感，2006，（3）：69－73.

［163］ 钟敏．TRMM 对 9914 号台风降水的观测分析研究［D］．南京：南京信息工程大学，2005．

［164］ 钟中，王晓丹．利用微波成像仪资料反演台风（Aere 2004）降水水平结构［J］．热带气象学报，2007，23（1）：98 - 104．

［165］ 周兴东，于胜文，赵长胜．徐州市土地利用/覆盖动态变化分析［J］．测绘通报，2008，（3）：33 - 39．

Abstract

A monitoring system for multi - hydrological elements based on Remote Sensing (RS) constructed and practiced in the Dagu River Basin was introduced in this book. Basic situation of the Basin was firstly introduced, then followed by evapotranspiration inversion, precipitation estimation, soil moisture inversion, runoff estimation, land use/land cover change monitoring, river channel changes and RS monitoring system construction for atmospheric - hydrological interaction. By combining theory with practice, this research aims to provide guidance and demonstration for hydrological monitoring in small and medium - sized basins.

The authors would be greatly honored if this book could provide help and reference for those professionals engaged in hydrological monitoring and RS technology applications, or for teachers & students from relevant majors in colleges and universities.

Contents

后 记

经过 3 年的调查研究工作，在分析大沽河流域降水径流特征的基础上，通过遥感数据解译和模拟模型建立，对大沽河流域的降水、蒸散发、土壤含水量、河道变迁等流域大气-水文相互作用的关键水文要素进行了反演和估算，其结果与实测值较为接近；再结合遥感对土地利用动态变化和河道变迁的解译结果，构建了流域大气-水文相互作用过程遥感监测体系。研究表明，该成果对指导大沽河流域水资源开发利用和防灾减灾等具有现实意义。因此认为该体系的构建会对其他区域或流域开展类似的调查研究具有借鉴意义，故而总结、梳理并出版此书，以实现与同行交流之目的。

应该指出，不同流域的地形地貌与气象气候、下垫面、产流汇流条件以及人类活动的影响等都存在一定的差异，即便是同一个流域，这些基础条件在不同区域和不同时段也有所不同，因此模型建立以后，还应关注对模型有显著影响的基础条件的变化，特别是随着卫星数据分辨率的提高与监测周期的缩短，适时地对模型进行调整和修正是必要的。只有如此，才能够更好地实现利用现代化手段进行大气-水文过程的精准监测与预测预报，为水土资源的合理开发利用，为减少气象水文灾害等提供更为精确、更为及时的监测数据服务。

作者

2017 年 6 月